그림1 나미브사막 주변부에 2억 8,000만 년 전의 나무 화석이 뒹굴고 있다. (나미비아)

그림2 세계에서 가장 오래되고 (8,000만 년 전) 가장 아름답다고 알려진 나미브사막

그림 3 나미브사막, 해안부의 사구

그림 4 나미브사막은 내륙으로 갈수록 사구의 붉은 색이 더 짙어진다.

그림5 나미브사막의 모래. 석영(石英) 알맹이 표면의 철분피막이 산화되어 붉게 변해간다.

그림6 사하라사막, 타실리나제르
(Tasili n'Ajjer, 알제리)

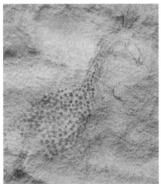

그림7 타실리나제르, 8,000~6,000년 전에 그려진 기린 벽화

그림8 타실리나제르, 오릭스와 사냥을 하고 있는 사람들의 그림

그림 9 케냐산 틴달 빙하(Tyndall Glacier)에서 발견된 약 1,000년 전 표범의 유골

그림 10 나미브사막의 '죽음의 계곡'인 데드블레이(deadvlei), 600~900년 전의 아카시아 수목이 그대로 남아 있다.

그림 11 킬리만자로, 키보(kibo)산 최고시점에 있는 우후루피크(Uhuru Peak, 5,895m)의 남측 빙하(1992년 8월)

그림 12 킬리만자로, 키보산 최고지점에 있는 우후루피크의 남측 빙하(2009년 8월)

그림 13 케냐산의 루이스 빙하(1992년)

그림 14 케냐산의 루이스 빙하(2015년)

그림 15 킬리만자로 키보산(1992년 8월)

그림 16 킬리만자로 키보산(2009년 8월)

그림 17 나미브사막, 쿠이세브 강가(Kuiseb River)의 식생(2004년)

그림 18 나미브사막, 쿠이세브 강가의 식생(2012년)

그림19 케냐산, 고산지대에 자라고 있는 자이언트 로벨리아(lobelia)의 싹(아침)

그림20 케냐산, 고산지대에 자라고 있는 자이언트 로벨리아의 싹(낮)

그림21 남아프리카공화국 남단의 좁은 지역에 형성된 독특한 케이프 식물구계(Cape Floral Region). 6,000종 이상의 고유종이 서식하고 있다.

그림 22 고산지대의 지표에서 볼 수 있는 기하학 모양을 한 구조토(patterned ground)인 다각구조토(礫質多角形土: stone polygon)(다이세쓰산 국립공원의 톰라우시산)

그림 23 볼리비아 안데스지역 구조토의 한 종류인 조선토(条線土)

기후변화로 보는 지구의 역사

기후변화로 보는 지구의 역사

미즈노 카즈하루 지음

백지은 옮김

문학사상

■ **일러두기**

1. 한국어판 역주는 본문 안에 고딕 서체의 작은 글자로 처리했으며, 별도의 표기는 생략했습니다.
2. 외래어 표기는 국립국어원의 규정을 바탕으로 했으며, 규정에 없는 경우는 현지음에 가깝게 표기했습니다.

지금까지 나는 고산지대나 사막 등과 같은 한계지대의 식생植生과 자연환경의 관계를 조사해왔다. 조사를 시작한 이유는, 식물이 생육生育하기 어려운 한계지대에서는 약간의 환경 변화만으로도 식물의 생육에 큰 영향을 미치고 뚜렷한 변화가 일어날 것이라고 생각했기 때문이다. 또한 이런 한계지대의 '환경과 식생'의 관계를 규명함으로써 온난화 같은 환경 변화가 생태계에 미치는 영향을 연구하는 데도 큰 기여를 할 것이라고 생각했다.

식물은 환경의 변화, 특히 기후변화의 영향을 많이 받는다. 그런데 조사를 진행하면서 이것이 시간의 척도time scale와 깊이 관련되어 있음을 알 수 있었다. 이는 매우 흥미로운 일이었고, 많은 사람들에게 꼭 알려주고 싶다는 마음에서 이 글을 쓰게 되었다.

이 책에는 지금까지 조사해온 아프리카의 고산지대와 사막뿐 아니라 안데스지역과 일본알프스지역 등의 조사 자료들도 포함되어 있다. 거기에 유럽의 식생은 물론 도쿄, 나고야, 오사카의 지형 등도 함께 다루었다. 기후변화의 영향이 자연과 식생, 나아가 사람들의 생활에 어떤 영향을 미치는지 다양한 '시간의 척도'로 풀어보려고 한다.

이 책을 읽고 자연이나 식생의 변화가 우리의 생활과 얼마나 밀접하게 관련되어 있는지 이해할 수 있길 바란다.

지금부터 독자 여러분들을 까마득한 1억 년 전으로 초대할까 한다.

차례

제7장 아프리카의 자연과 인류의 역사

제1장

1억 년 전의 화석 숲과 대륙의 이동

– 아프리카 대륙의 형성

나미브사막 주변에 2억 8,000만 년 전(고생대 페름기, Permian)

나무 화석이 여기저기 굴러다니고 있다.

이 수목은 툰드라나 빙하 주변의 한랭 습지대에서 자라는 종인데

무슨 이유로 지금은 건조한 나미브사막 주변에서

나무 화석으로 발견되는 것일까?

'나미비아'라는 나라란?

아프리카 남서부에 위치한 나미비아공화국.

대부분의 사람들은 나미비아라는 나라에 대해 잘 알지 못한다. 그러나 이 나라를 방문하는 사람들의 수는 매년 증가하고 있다. 2013년 나미브사막이 유네스코 세계유산으로 등재되면서, 방송에서 이곳을 다루는 일도 많아졌다.

많은 관광객들이 나미비아를 방문하는 이유 중 하나는 이곳이 바로 '야생동물의 보고'이기 때문이다. 사람들은 아프리카에 가면 어딜 가든 코끼리나 기린, 사자 등을 볼 수 있을 것이라고 생각하기 쉽다. 하지만 실제로 그런 야생동물을 다양하게 볼 수 있는 곳은 케냐, 탄자니아, 우간다, 남아프리카공화국, 보츠와나, 나미비아 등 특정 지역들뿐이다. 그중에서도 나미비아에는 수많은 야생동물들이 서식하는 대규모 국립공원이 있다.

방문객들이 끊이지 않는 또 다른 이유는 자연의 아름다움과 다양성이다. 이를 상징하는 것이 나미비아라는 국명이 유래된 나미브사막이다.

'나미브'는 현지 언어인 코이코이어Khoikhoin languages로 '넓은 곳', '아무것

사진 1-1 나미비아 반*건조지대에서 볼 수 있는 규화목

도 없는 곳'을 의미한다. 환경 변화에 따른 식생의 변천 관계를 조사하기 위해 몇 번이나 이곳을 방문한 적이 있는데, 말 그대로 끝없이 펼쳐진 붉은 모래 언덕은 한 번 보면 절대 잊을 수 없는 장관이다. 세계유산의 명칭이 '나미브 모래 바다Namib Sand Sea'인 것도 쉽게 수긍할 수 있다.

나미브사막에 뒹구는 화석 숲과 곤드와나 대륙

사진 1-1은 현재는 반*건조지대가 된 나미비아 중부에서 찾아볼 수 있는 나무 화석(규화목硅化木)이다.

이 나미브사막 주변에 분포되어 있는 화석 숲에는 거대한 나무 화석들도 있는데, 그중에는 길이가 30미터에 달하는 것도 있다. 2억 8천만 년 전의 퇴적물 안에 묻혀 있던 수목이 침식작용에 의해 지표면으로 드러난 것이다. 높이가 30미터에 이르는 수목이 갑작스러운 홍수로 부러져 떠다니다가 오랜 시

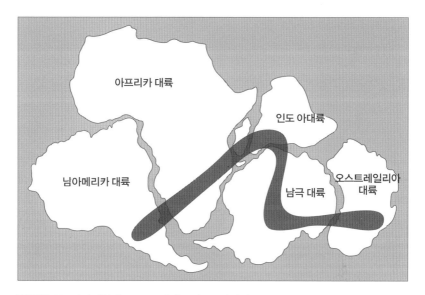

도표 1-1 곤드와나 대륙과 글로소프테리스 식물군의 화석 분포

간 동안 땅속에 묻혀 있었던 것이다. 이곳을 방문하는 사람들은 지표면에 노출되어 있는 화석이 된 가지를 보고 놀라움을 금치 못한다. 현재는 건조한 관목밖에 자라지 않는 이 화석 숲이, 과거에는 거대한 삼림으로 뒤덮여 있었다는 사실을 유추해볼 수 있기 때문이다. 과연 이것은 무엇을 의미하는 것일까?

이 수목은 다도썰론 알베리dadoxylon arberi라고 하는데, 2억 8,000만 년 전 곤드와나 대륙에 가장 널리 분포되어 있던 글로소프테리스 식물군glossopteris flora, 멸종된 소철 모양의 양치식물 중 하나로 곤드와나 식물군의 주요층에 속하는 겉씨식물이다. 지금의 전나무나 소나무와 같은 침엽수의 조상이라고 할 수 있다. 이 글로소프테리스 식물군의 분포와 몇몇 동물들의 분포를 조사해보면 아프리카, 남아프리카, 인도, 남극, 오스트레일리아가 예전에는 '곤드와나'라는 하나의 대륙으로 연결되어 있었음을 알 수 있다(도표 1-1).

대륙이동설과 판구조론

2억 2,000만 년 전쯤에 로라시아Laurasia 대륙과 곤드와나 대륙이 충돌하면서 판게아Pangaea라고 하는 하나의 대륙이 생겨났다. 그리고 1억 9,000만 년 전 대륙의 이동으로 인해 판게아 대륙은 다시 로라시아와 곤드와나로 나눠지게 된다 (도표 1-2).

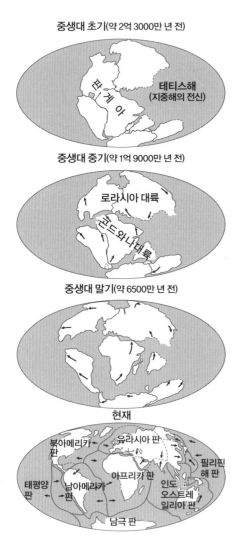

그 후 곤드와나 대륙은 아프리카 대륙, 남아프리카 대륙, 인도 아대륙, 남극 대륙, 오스트레일리아 대륙, 마다가스카르섬으로 분리된다. 1억 6,500만 년 전에는 아프리카 대륙과 마다가스카르섬·인도 아대륙이 분리되었고, 1억 2,000만 년 전쯤에는 아프리카 대륙과 남아프리카 대륙이 나눠어졌다. 그리고 4,500만 년 전에는 계속 북상해오던 인도 아대륙이 유라시아 대륙과 충돌하여 히말라야산맥을 형성하게 된다.

이 곤드와나 대륙의 존재는 현재의 생물 분포에도 커다란

도표1-2 대륙 이동과 곤드와나 대륙

영향을 주고 있다. 예를 들면, 아프리카의 열대림(열대우림과 우록수림)은 동남아시아의 열대림보다 중남미의 열대림과 더 유사하다는 것을 알 수 있다. 과科의 구성 비율을 보면 동남아시아의 열대림은 이엽시과二葉柿科, Dipterocarpaceae가 우점優占하고 있는 데 반해, 아프리카 대륙과 중남미의 열대림은 콩과Leguminosae가 주체가 되어 있다(사진 1-2). 속屬의 수치도 아프리카 대륙과 중남미의 열대림은 30퍼센트 정도의 공통된 속이 존재한다. 이런 요인을 통해 예전의 아프리카 대륙과 남아프리카 대륙이 곤드와나 대륙이라는 하나의 개체로 이루어져 있었고, 그것이 분열함에 따라 현재와 같이 분포하게 되었다는 사실을 유추해볼 수 있다.

또한 마다가스카르의 동식물 중에 고유종그 지역 밖에는 생식 또는 생육하고 있지 않은 생물종이 많은 이유도 8,800만 년 전 마다가스카르가 인도 아대륙에서 분리된 이후부터 줄곧 한 개의 독립된 섬으로 존속하고 있었기 때문인 것으로 보인다.

사진 1-2 콩과 식물인 아카시아(나미비아)

지리나 지구과학 수업에서 '판구조론(플레이트 텍토닉스plate tectonics)'이라는 용어를 들어본 적이 있을 것이다. 지구의 표면은 여러 개의 지각판(플레이트)으로 이루어져 있고, 그 판들이 이동하고 서로 간섭하면서 지진이나 화산활동, 대륙의 이동 등이 발생한다는 이론이다.

이 판구조론의 근저가 된 것이 바로 1912년 독일의 알프레트 베게너Alfred Lothar Wegener가 주장한 '대륙이동설'이다. 베게너는 대서양의 두 해안선 대륙의 형상(특히 아프리카와 남아메리카)이 일치하는 것에 주목했다. 그리고 원래는 한 개였던 대륙이 나뉘어지고 이동하여 현재의 모습이 되었다고 추정하고 대륙이동설을 주장하게 되었다. 그것이 현재의 판구조론으로 연결된 것이다.

지표로 모습을 드러낸 화석 숲

앞서 말한 사진 1-1의 나미브사막의 화석 숲에 있는 다도썰론 알베리는 예전부터 유럽에 널리 분포해 있었으며 현재는 화석화되어 석탄이 되었다. 그런데 이 수목은 지금의 알래스카나 시베리아처럼 한랭한 기후인 툰드라나 빙하지역 주변에서 자라기에 적절한 나무였다.

그렇다면 왜 추운 장소에서 자라던 나무의 화석을 지금은 관목밖에는 자라지 않는 나미비아의 반건조지대에서 볼 수 있는 것일까?

그 이유는 대륙 이동과 함께 남극점이 이동해 나아갔기 때문이다. 예전의 남극점은 상대적으로 도표 1-3과 같이 이동했다. 5억 4,000만 년 전에는 아프리카 북서부, 즉 현재의 모로코 부근에 남극점이 있었으나 대륙의 이동과 함께 아프리카 대륙의 남동 방향으로 이동했다. 나미비아 부근에 남극점이 있던 때, 남아프리카는 널따란 빙하에 덮여 있었다. 이 남아프리카에서의 곤드와나 빙하기는 남극점이 상대적 이동에 의해 남아프리카에서 남극 대

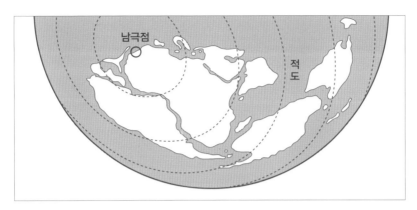

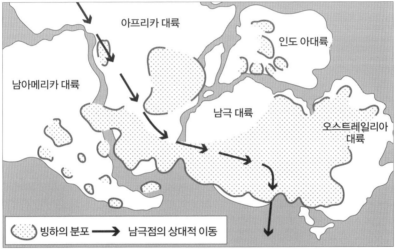

남극점

적
도

아프리카 대륙

인도 아대륙

남아메리카 대륙

남극 대륙

오스트레일리아
대륙

빙하의 분포 ⟶ 남극점의 상대적 이동

도표 1-3 위의 그림은 약 5억 4,000만 년 전 캄브리아기의 곤드와나 대륙과 남극점이고, 아래의
그림은 곤드와나 빙하기 때의 빙하 분포와 남극점의 이동이다. 곤드와나 대륙이 이동함
과 동시에 남극점도 상대적으로 이동하고 있다(Gruunert, 2013).

류으로 옮겨져 없어진 후인 2억 8,000만 년 전쯤에 끝이 났다. 빙하기가 끝
날 무렵 빙하가 녹음과 동시에 그 방대한 양의 융설수融雪水가 홍수를 일으
키며 삼림을 쓰러트리고 하류로 옮겨 퇴적시켰다고 추측된다.

수목은 홍수가 가져온 대량의 토사에 묻혀버렸기 때문에 산소 부족으로

부패가 되지 않았다. 수목의 미세한 조직이 수정 결정에 싸여 있기 때문에 현재의 우리가 상세하게 알 수 있는 상태 그대로 화석화되어 있는 것이다. 1,000미터 이상의 깊은 땅속에 묻혀 있던 수목들은 방대한 세월을 거쳤고, 지층의 압력에 의해 나무의 세포조직 안에 규산이 녹은 물이 스며들었다. 그리고 그대로 이산화규소(SiO_2, 실리카)라는 물질로 변하면서 석화되어 단단하게 변화된 것이다.

앞에서도 말했듯이 1억 2,800만 년 전 대서양이 열리고 아프리카와 남아메리카는 분리되었다. 그 작용에 의해 나미비아 서부는 융기되었고 육지와 해면 사이의 경사가 증대함에 따라 하천의 침식력도 강해지게 되었다. 땅속 1,000미터 이상의 깊이에서 잠겨 있던 수목들은 그 강한 침식 작용에 의해 지표로 노출되었다(도표 1-4).

이렇게 해서 화석 숲은 또다시 지표에 드러나게 되었고 현재에도 우리가 눈으로 그것을 볼 수 있는 것이다.

나미브사막의 형성

과거 3,500만 년 전 남극 대륙은 현재의 남극점 위치에 있었고, 약 500만 년 전의 남극은 가장 많은 물과 얼음에 뒤덮여 있었다. 그 이후 아프리카의 남서안을 북상하는 한류인 벵겔라 해류Benguela Current가 발달하게 되었다.

이 기간은 제4기(약 260만 년 전~현재)에 짧은 반건조기半乾燥期가 있긴 했지만 이 지역에서는 건조기후가 지배적이었다. 앞에서 얘기했듯이 곤드와나 대륙은 1억 2,800만 년 전에 분리되었고, 6,500만 년 전경에는 아프리카가 다른 대륙들과 떨어져 하나의 대륙이 되어 있었다. 그러나 6,500만 년 전 이후에는 깊은 침식으로 인해 거대하고 가파른 절벽이 동쪽 방향으로 후퇴하였고, 그로 인해 서쪽 부근에는 저지低地인 준평원準平原, peneplain이 만들어

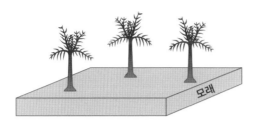

2억 8,000만 년 전
곤드와나의 빙하 말기, 곤드와나 대
륙에 생육하던 글로소프테리스 식
물군의 삼림.

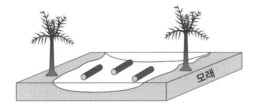

거센 홍수로 인해 높이 30미터가량
의 나무숲은 뿌리째 유실되었다.

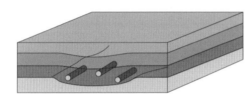

사암砂岩이나 이암泥岩이 급속한 퇴적
작용으로 덮이면서 나무줄기가 보
존되었다.

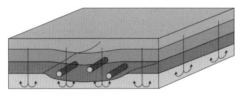

2억 8,000만 년~1억 2,000만 년 전
규산을 품은 지하수가 수목의 세포
조직으로 스며들어 수목을 이산화규
소(실리카)로 변화시켰고 석영같이 단
단하게 변하여 화석화되었다.

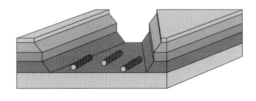

1억 2,000만 년 전~오늘날
침식이 화석 숲을 지표로 노출시켰다.

도표1-4 나미비아의 화석 숲 형성 과정(Gruunert, 2013)

사진 1-3 단층애는 1억 년에 걸친 침식에 의해 해안에서 내륙으로 100킬로미터쯤 후퇴하였고 고원과 저지대에 있는 사막지대의 경계를 만들었다.

졌다. 그것이 현재 나미브사막이 있는 장소다.

침식 후에도 그곳에 남아 있던 단단한 암반은 도상구릉Inselberg, 평원 위에 고립되어 우뚝 솟은 산으로 사막 평원 가운데에 홀연히 나타나곤 한다. 나미브가 건조기후였음을 나타내는 가장 오래된 증거는 4,300만 년 전 나미비아 남서쪽인 스페르게비에트Sperrgebiet 부근에 형성된 바르한 사구barchan dune, 즉 초승달 모양의 삼일월형 사구나 해안선에 평행으로 늘어서 있는 사구라고 알려져 있다.

나미브사막의 모래는 왜 붉을까?

그렇다면 나미브사막의 모래는 어떤 방식으로 옮겨진 것일까?

1억 2,800만 년 전 아프리카 대륙과 남아메리카 대륙이 나뉘어졌고, 그 단층애斷層崖, fault scarp는 침식에 의해 점점 후퇴했다. 단층애는 좁게는 정단

사진 1-4 드라켄즈버그산맥. 급격한 절벽이 위쪽의 레소토와 아래쪽의 남아프리카공화국의 국경을 형성하고 있다.

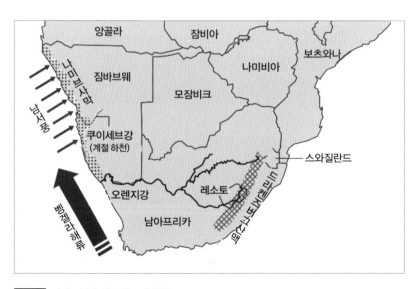

도표 1-5 나미브사막 사구의 모래 공급

층의 급경사면을 말하고, 넓게는 단층과 관련된 모든 사면을 말한다. 이 단층애가 지금은 해안 쪽에서 내륙 쪽으로 100킬로미터쯤 후퇴해 있다(사진 1-3).

그곳 해안에서 절벽까지 폭 100킬로미터 정도의 저지대가 있다. 그곳에서는 몇천만 년 전부터 현재의 남아프리카공화국과 레소토의 국경에 위치한 드라켄즈버그산맥(사진 1-4)의 암반이 풍화되어 모래가 생산되었다. 그리고 지금의 나미비아와 남아프리카공화국의 국경을 흐르는 오렌지강이 상류에서 그 모래를 옮겨 강 입구에 삼각주를 만들었다. 그 후 해안을 따라 남쪽에서 흘러오는 바다의 흐름에 침식이 되었고 모래가 북쪽으로 운반되었으며, 다시 남서쪽에서 부는 바람에 의해 내륙으로 옮겨지게 됐다. 그것이 나미브사막 사구의 모래 공급원이 된 것이다(도표 1-5).

나미브사막은 세계에서 가장 아름다운 사막이라고 불린다(사진 1-5). 사구의 모래는 거의 100퍼센트가 석영 알맹이이며 사구의 모래를 채취해서 확대해보면 오렌지색의 보석 같은 알맹이를 볼 수 있다(사진 1-6).

석영 알맹이 표면에는 철분이 코팅되어 있다. 그 철이 강수에 의해 산화되어 산화철이 되기 때문에 마치 녹이 슨 것처럼 오렌지색 사구를 형성하는 것이다. 풍화하는 과정에서 철분이 용출溶出되는데 그런 풍화 과정에는 긴 세월이 필요하다. 그렇기 때문에 바다에서 막 옮겨진 모래로 만들어진 해안부의 사구는 풍화가 아직 진행되지 않아서 해안 가까이에 있는 사구의 색은 하얗다(사진 1-7). 또한 내륙으로 나아갈수록 남서풍을 통해 해안부에서 안으로 이동해온 시간이 길다는 것을 의미한다. 풍화가 진행되어 내륙 쪽의 석영 표면이 보다 많은 산화철의 피막에 싸이면 더욱 붉게 변하는 것이다(사진 1-8).

사진 1-5 세계에서 가장 오래되고(8,000만 년 전) 가장 아름답다고 알려진 나미브사막

아프리카 대륙의 지형적 특징

여기서 아프리카 대륙의 지형적 특징에 관해 살펴보자.

6억~30억 년 이상 전 선캄브리아시대Precambrian Eon에 조산운동의 영향을 받고, 고생대(5억 4,000만~2억 5,000만 년 전) 이후 완만한 조륙운동의 영향만을 받은 지역을 '안정육괴安定陸塊, stable landmass'라고 한다. 그중에서 선캄브리아시대의 산지가 침식되어 방패 모양으로 만들어진 지형을 순상지라고 하며, 순상지 위에 고생대 이후의 지층이 수평으로 퇴적된 테이블 모형의 지형을 탁상지라고 한다. 아프리카 대륙에는 선캄브리아시대의 아주 오래된 암류를 기반으로 만들어진 순상지와 탁상지가 넓게 분포되어 있다.

전반적으로 고원高原상의 지형이며, 특히 대륙 남동부에는 해발 1,500~3,000미터 이상의 고원이 펼쳐져 있고 북서부에는 낮은 고원이나 대지가 자리 잡고 있다. 이 때문에 남동부는 '높은 아프리카High Africa', 북서부는 '낮

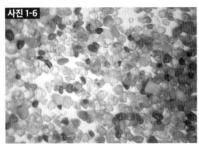

사진 1-6 나미브사막의 모래 확대 사진. 거의 100퍼센트 석영 알맹이로 이루어진 표면의 철분 피막이 산화되면서 붉게 변하게 된다.

사진 1-7 나미브사막 해안부의 하얀 사구

사진 1-8 나미브사막은 내륙으로 갈수록 사구의 붉은색이 진해진다.

은 아프리카Low Africa'라고 불리고 있다.

이렇게 남쪽과 북쪽에 해발의 차이가 발생하는 이유는 대륙 남부 지하에서 상승된 플룸Plume, 지구의 맨틀 내부에 발생하는 상승류이 지각을 들어 올리고 있기 때문이다. 특히 대륙이 분열했을 때 생긴 균열 틈새 주변으로 대량의 마그마가 관입貫入되면서 더욱 높아지게 됐다. 그래서 현재의 아프리카 대륙은 대륙 주변부에 고지가 있고 내륙에는 상대적으로 낮은 땅이 형성된 접시 구조의 지형을 형성하고 있다(도표 1-6).

대륙 남부의 고지는 대규모 절벽 지형Great Escarpment에 둘러싸여 있다. 이 절벽 지형은 대륙이 분열했을 당시 갈라진 틈에 생긴 단층애가 침식을 받아 현재의 위치까지 후퇴해온 것이라고 추측된다(야마가타, 2005a).

해안부까지 고원이나 산지가 펼쳐진 아프리카에서는 많은 하천의 하류부, 특히 해안부에 단단한 암반이 노출되어 있고 그 천이점遷移點, knick point, 강

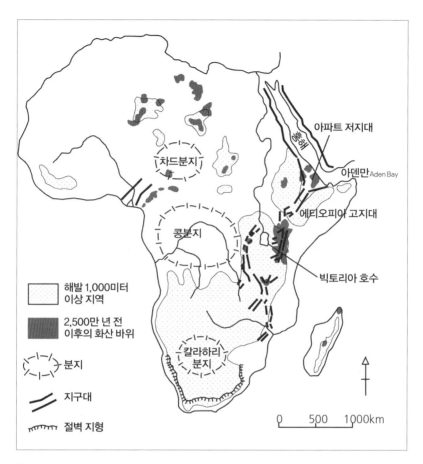

도표 1-6 지각판과 플룸의 운동에 관한 아프리카 대륙의 주요 구조 지형(야마가타, 2005a)

의 중간에서 강바닥의 기울기가 갑자기 변화하는 지점에 폭포나 급류를 형성하고 있다. 그렇기 때문에 하천을 배로 거슬러 올라 내륙에 도달하는 하천 교통의 발달을 더디게 만들었다. 예전부터 아프리카의 내륙 탐험은 좀처럼 쉽게 진행되지 않았으며 오랫동안 '암흑대륙'이라 불렸던 점도 바로 그 때문이다.

잠비아와 짐바브웨의 국경에 위치한 잠베지강의 유명한 '빅토리아폭포'는 폭이 1.7킬로미터, 낙차가 118미터에 달하며 현지에서는 '모시 오아 툰

야'Mosi-oa-Tunya, 천둥소리가 나는 연기라는 뜻라 불릴 정도로 압도적인 모습을 하고 있다(사진 1-9).

　대륙이 분열된 지 1억 년 이상의 시간이 지났음에도 불구하고 왜 현재에도 이렇게 천이점이나 고지가 뚜렷이 보존되어 있는 것일까? 그 이유는 침식에 의해 하중이 없어지면서 대륙의 지각(지구의 표층)이 부력에 의해 상승하고 있기 때문이다(Summerfield, 1981). 아프리카 대륙의 연변부緣邊部는 현재에도 침식을 받음과 동시에 부력에 의한 융기가 계속되고 있다. 이 때문에 아프리카 대륙의 해안부에는 대규모의 평야가 만들어지지 않는 것이다(야마가타, 2005a).

　아프리카 대륙에는 건조지대, 반건조지대가 넓게 퍼져 있지만 그곳에서 전형적으로 볼 수 있는 지형이 바로 '페디먼트pediment'와 앞에서 말한 '도상구릉'이다(사진 1-10).

　전체적으로 침식이 자주 발생하는 건조지대에서는 사면의 기울기가 변

사진 1-10 도상구릉과 그 기슭에 완만한 경사면으로 형성된 페디먼트

하지 않은 채 평행하게 후퇴하면 사면 사이의 명료한 경사 변환점을 경계로 그 아래에 완만한 지형이 형성된다. 이 완경사의 침식 평탄면을 페디먼트라고 하는데, 사전적 의미로는 침식면이 넓은 면적에 걸쳐 완경사를 이루고 있는 경우를 말한다. 페디먼트가 확대되면 산지는 축소되고 평탄한 지형 중에서 먼저 치우친 급경사면에 둘러싸인 도상구릉이 남게 된다. 일본에서 볼 수 있는 새로 생긴 좁은 평야는 퇴적평야이고, 오래되고 넓은 준평원장기의 침식작용에 의해 지표에 기복이 없는 평원은 산지가 침식되어 생긴 평야다. 이때 침식으로부터 살아남아 형성된 잔구가 바로 '도상구릉'이다.

건조지대에서는 사면 상부에 평탄한 부분이 남아 있고, 그 주위를 가파른 절벽이 에워싸고 있는 테이블 모양의 지형을 쉽게 볼 수 있는데, 그런 지형을 '메사Mesa' 혹은 '뷰트Butte'라고 부른다(사진 1-11). 이 평탄면에는 침식에 맞서고 있는 두리크러스트duricrust가 형성되어 있는 경우가 많다.

두리크러스트란, 지표 부근에서 수분이 증발할 때 지하수에 녹아 있던 물

사진 1-11 메사(왼쪽)와 뷰트(오른쪽). 나미비아에서는 곤드와나 대륙이 분열했을 당시(나미비아 연안과 남미 연안이 떨어져 있던 시기) 그 틈에서 현무암의 용암이 지표를 계속 덮었고 단단한 층과 부드러운 층으로 이루어진 수평한 지층인 구조평야가 생겼다. 그 단단한 층은 침식작용에서 살아남았고 메사나 뷰트가 되었다.

질이 지표 부근의 토양이나 침적물 안에 모이면서 형성된 단단한 풍화각風化殼을 뜻한다. 두리크러스트는 철분이 풍부한 페리크리트Ferricrete, 실리카(규산)가 풍부한 실크리트silcretes, 석회가 풍부한 칼크리트calcrete로 분류되어 있다. 건조기후에서는 칼크리트가 가장 먼저 형성되며 그다음 실크리트, 페리크리트 순으로 형성된다.

서아프리카 등 건기가 긴 사바나에서는 라테라이트성 철피각鐵皮殼, 경우에 따라 보크사이트(철반석) 피각의 발달이 현저하게 이루어진다. 따라서 온난습윤한 기후에서 생성된 철, 알루미나(산화알루미늄)가 풍부한 집적층集積層이 그 후 건조기에 접어들면 피복층이 삭박削剝되면서 노출되고 딱딱하게 굳어진다. 그리고 큐이라스cuirass, 라테라이트, 페리크리트라 부르는 단단한 피각을 만들어(사진 1-12) 메사나 뷰트를 형성시킨다.

또한 건조지대에는 폰Pohn이라 불리는 폐쇄형 와지窪地를 볼 수 있다. 폰

지표 부근에 생기는 큐이라스(라테라이트, 페리크리트)라 불리는 적갈색의 철피각(철반층). 경작에 방해를 줄 정도로 단단하다(기니).

은 바람에 의해 만들어지는 침식 지형으로 그 크기는 직경이 수 미터인 것부터 10킬로미터를 넘는 것도 있다.

'넓어지는 경계(발산형 경계)'와 '좁아지는 경계(수렴형 경계)', '어긋나는 경계(보존형 경계)'

아프리카는 전체적으로 안정된 지각을 가진 대륙이라 '안정육괴'라고도 불린다. 하지만 동아프리카에는 지하의 심부에 집중적인 열의 공급을 받고 있는 부분도 있기 때문에 대지가 융기되고 지하에서는 마그마가 상승하여 활발한 화산활동이 일어나고 있다.

지하 깊숙한 곳의 상승류가 지각(지구의 표층)을 들어올렸고 그 결과 융기의 중심부에 두 개의 평행한 단층이 생기면서 중앙부가 함몰되었다. 즉, 아프리카 대지구대가 형성된 것이다. 대지구대는 아프리카 대륙을 남북으로 종단하는 거대한 골짜기이며 총 길이는 7,000킬로미터에 달한다.

　이런 것들은 왜 형성된 것일까?

　그 설명을 하기에 앞서 먼저 지구에 있는 지각판과 화산활동의 관계부터 알아보자.

　태평양 동부와 대서양 중앙에는 남북으로 뻗어 있는 '중앙해령'이 있다. 이 중앙해령은 갈라진 틈새가 솟아 올라와 있으며 매년 수 센티미터씩 동서로 확대되고 있다(도표 1-7). 벌어진 틈새가 맨틀의 상승부에 닿으면 현무암질마그마가 공급되고 새로운 지각, 즉 지각판이 생산되는 것이다. 이런 중앙해령을 '발산형 경계'라 부른다(도표 1-8). 지구의 표면은 두께 100킬로미터쯤 되는 14~15개의 암반, 즉 지각판에 덮여 있다.

　지각판에는 '대륙판'과 '해양판'이 있으며 해양판은 대륙판보다 더 강고하고 밀도가 높기 때문에 두 개의 지각판이 부딪치면 해양판은 대륙판 밑으로 가라앉게 된다. 서쪽으로 움직이는 태평양판은 일본 해구지역에서 북아메리카판 밑으로 가라앉았다(도표 1-7 참조). 북서 방향으로 움직이는 필리핀해판은 남해 해구에서 유라시아판의 밑에 가라앉았다. 가라앉은 지각판은 해구(트로프trough)로부터 깊이 100~150킬로미터 정도, 거리 250~300킬로미터 정도의 위치에 열이 쌓여 암반이 녹으면서 마그마가 생성된다. 그 마그마가 지각이 약한 부분을 타고 지상에 나타나는 것이 바로 화산이다(도표 1-9).

　그 결과, 일본 부근에는 일본 해구에서 이즈-오가사와라 해구까지 평행하게 동일본 화산대가 있으며 남해 해구에도 평행하게 서일본 화산대가 존재한다. 화산대 내부는 해구 쪽이 가장자리에 가까울수록 화산의 분포 밀도가 높으며 해구의 반대편(대륙 측)으로 갈수록 화산의 분포는 드물어지기 때문에 화산대의 해구 쪽 가장자리를 화산전선火山前線, volcanic front이라 부른다

(도표 1-9 참조). 동북일본은 척량산맥의 중앙부를 화산전선이 지나고 있기 때문에 많은 화산이 대부분 남북으로 이어져 밀집되어 있다. 또한 화산전선부터 해구 쪽까지는 화산이 전혀 존재하지 않는다.

일본 주변의 '북아메리카', '유라시아', '필리핀해'라는 세 개의 지각판은 후지산이 있는 장소에서 회합하고 있다. 즉, 벌어진 틈의 경계에 있다. 더군다나 그곳은 화산전선이 횡단하고 있기 때문에 마그마가 분출되기 가장 쉬운 장소다. 지구상에 이런 특이한 장소는 이곳밖에 없다. 후지산은 그저 우연히 지금의 그 장소에 있는 것이 아니라, 그 장소가 지구상에 단 하나밖에 없는 독특한 곳이기 때문에 필연적으로 그곳에 후지산이 존재하는 것이다.

인도 · 오스트레일리아판은 남극판과 분리되어 북상하였고 약 4,500만 년 전 유라시아판과 충돌한 뒤 그대로 천천히 북상하고 있다(도표 1-7 참조). 인도 · 오스트레일리아판은 유라시아판의 밑에 부분적으로 잠입한 뒤 밀어올려졌기 때문에 8,000미터의 히말라야산맥이 만들어지게 되었다.

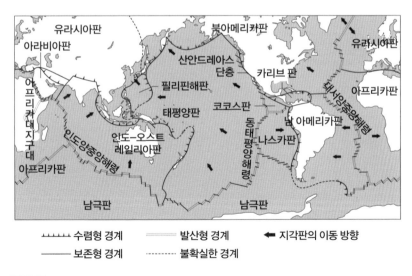

| ⌄⌄⌄⌄⌄ 수렴형 경계 | ═══ 발산형 경계 | ◀ 지각판의 이동 방향 |
| ──── 보존형 경계 | ········ 불확실한 경계 | |

도표 1-7 세계의 지각판

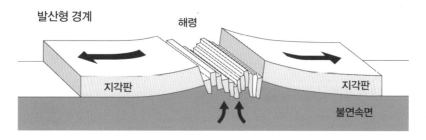

발산형 경계

해령

지각판

지각판

불연속면

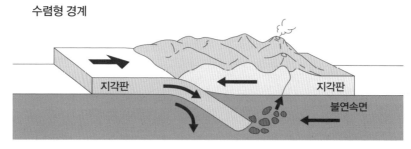

수렴형 경계

지각판

지각판

불연속면

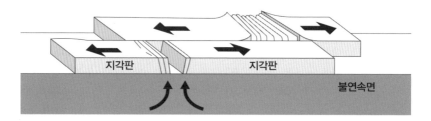

보전형 경계

지각판

지각판

불연속면

도표 1-8 지각판의 경계

앞에서 설명했던 내용 중, 해구에서 해양판이 대륙판의 밑에 밀려 들어간 것은 '섭입형'이라 하고, 인도 · 오스트레일리아판이 유라시아판과 충돌하여 밀려 올라간 것을 '충돌형'이라 한다. 그리고 이 둘을 합쳐서 '수렴형 경계'라 한다.

미국의 샌 앤드레이어스 단층San Andreas Fault은 태평양판과 북아메리카판의 경계에 형성된 1,300킬로미터에 달하는 대단층으로, 양쪽 지각판이 옆

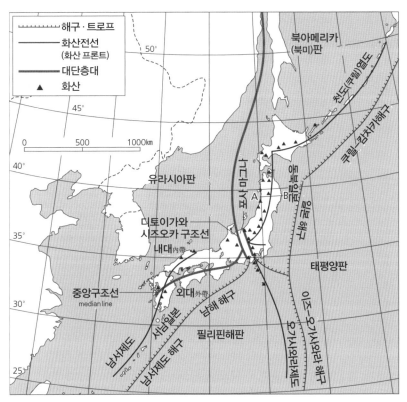

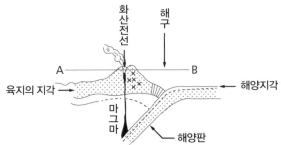

도표 1-9 일본의 위치와 지대의 구조(곤다 외, 2007, 후쿠오카, 1991)

으로 어긋나면서 지진을 거듭 일으켜왔다. 이런 경계를 '어긋나는 경계'라고 한다.

아프리카 대지구대

아프리카 대지구대는 '발산형 경계'에 해당되는 단층이다. 아프리카 대지구대는 두 계열이 나란히 동아프리카의 남북으로 길게 뻗어 있는데, 그중 동부의 지구대가 케냐 중앙부의 서쪽 부분을 남북 방향으로 가로지르고 있다(도표 1-10, 사진 1-13).

이런 대지구대는 지하 심부에서 집중적으로 열의 공급을 받는 부분이기 때문에 대지는 융기하고 지하에서 마그마가 상승해 활발한 화산활동이 일어난다. 그리고 이 화산활동에 의해 대량의 알칼리 바위를 분출시킨다. 또한 지하 심부의 열을 옮기는 상승류가 도중에 좌우 두 갈래의 반대 방향으로 나뉘어지고(도표 1-11) 그 작용에 의해 지각이 양쪽에서 끌어당겨진다. 그로 인해 두 개의 평행한 단층이 생겨 중앙부가 함몰되며 대지구대가 탄생하는 것이다.

아프리카 대지구대는 거대한 지구地溝이기 때문에 두 개의 단층에 끼인 부분이 침하된 단순 작용으로 형성된 것이 아니다. 도표 1-12와 같이 커다란 단층과 거의 평행한 부차적 단층에 의해 직사각형 모양으로 침하가 되면서 거대한 지구대가 형성된 것이다. 이 대지구대는 현재에도 1년에 5밀리미터씩 넓어지고 있는데, 1억 년 후에는 아프리카 대륙이 두 개로 나눠지고 그 사이는 바다가 될 것이라 예상되고 있다(도표 1-11 참조).

이 대지구대의 화산활동에 의해 케냐산(5,199미터)과 킬리만자로산(5,895미터)이 탄생했다. 대지구대의 동쪽에 있는 마가디 호수에는 온천이 끓고 있다(사진 1-14). 대지구대에 물이 고이면서 생긴 거대한 호수(단층호 혹은 지구호라고도 한다)도 단층을 따라 얇고 길게 분포하고 있다. 탕가니카 호수, 말라위 호수, 앨버트 호수, 투르카나 호수 등은 단층호이며 수심이 깊다는 특징을 갖고 있다. 탕가니카 호수는 깊이 1,470미터(세계 2위)로 호수 바

사진 1-13 아프리카 대지구대의 가파른 절벽(케냐). 아프리카 대지구대의 안쪽은 양측의 구릉과 산지가 풍하 측이 되어주기 때문에 건조한 사바나가 형성되었고 야생동물이 생식하게 되었다.

닥의 면적은 663미터에 달한다. 덧붙이자면 세계 최대의 수심(1,741미터)을 자랑하는 바이칼 호수도 단층호다.

이스트 사이드 스토리

약 800만 년 전부터 이 거대 단층을 따라 지각이 솟아올랐고 아프리카에서 세 번째로 높은 봉우리인 루웬조리산을 포함한 산맥도 형성되었다. 이런 고지가 출현함에 따라 서쪽에서 온 습윤 기류가 동쪽으로 유입되지 못하게 되었다. 그 때문에 그때까지 열대우림으로 덮여 있던 동아프리카지역이 건조해지면서 약 300만~200만 년 전 사바나 초원으로 변하게 되었다. 그전까지는 기니만에서 불어온 습한 바람이 동아프리카까지 도달하여 비를 뿌려주었기 때문에 동아프리카에는 열대우림이 분포되어 있었다. 하지만 그 바람이 새로이 탄생한 산맥에 가로막히게 되었고, 동아프리카는 건조화되

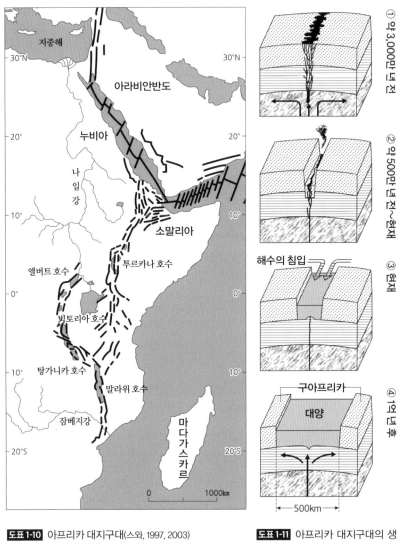

지중해

30°N

아라비안반도

누비아

나일강

소말리아

앨버트 호수

투르카나 호수

빅토리아 호수

탕가니카 호수

말라위 호수

잠베지강

마다가스카르

0 1000km

도표 1-10 아프리카 대지구대(스와, 1997, 2003)

① 약 3,000만 년 전

② 약 500만 년 전~현재

해수의 침입

③ 현재

구아프리카

대양

④ 1억 년 후

500km

도표 1-11 아프리카 대지구대의 생성 과정(스와, 1997, 2003)

면서 열대우림이 소실되고 사바나 초원이 된 것이다.

지각변동이 가져온 기후와 환경의 극적인 변화는 인류의 조상을 삼림에서 동쪽 사바나로 나오게 했고, 그에 따른 진화를 할 수 있도록 기회를 준 커다란 요인이었다. 즉, 열대우림에 살고 있던 유인원이 나무 위에서 지상으로 내려와 이족보행을 하게 되었고 인류로 진화해갔다는 스토리다(코펜스, 1994).

이런 인류 발상의 이야기는 프랑스의 인류학자인 이브 코펜스Yves Coppens에 의해 발표되었다. 그는 뮤지컬 '웨스트 사이드 스토리'를 풍자하여 '이스트 사이드 스토리'를 발표했다. 그것은 지금까지 인류 조상의 화석이 에티오피아, 케냐, 탄자니아, 우간다 등 대지구대의 '동쪽'에서밖에 발견되지 않는다는 것에서 시작되었다.

하지만 최근 들어 이 스토리의 신뢰성이 흔들리기 시작했다. 800만 년 전 대지구대 부근의 융기는 아직 커다랗지 않았으며 실제로 산맥이 형성된 것은 사람이 이족보행을 시작한 600만 년 전보다 나중인 400만 년 전이라는 추측이 나왔기 때문이다. 또한 800만 년 전의 동아프리카는 완전하게 건조화되었던 것이 아니라 상당 부분의 삼림이 남아 있었다는 사실이 탄소동위체를 통해 밝혀졌다.

더군다나 아프리카 '서부'의 차드Chad에서 700만~600만 년 전의 투마이

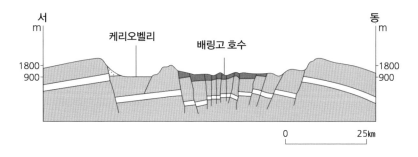

도표 1-12 아프리카 대지구대(케냐)의 단면도(Buckle, 1978)

사진 1-14 마가디 호수의 천연 온천. 현지인인 마사이 사람들은 온천에 들어가지 않는다. 뒤쪽에
보이는 것은 플라밍고 무리다.

Toumai 원시인 화석이 발견되기도 했다. 결국 2003년 2월 코펜스는 스스로
이 말을 철회하였다.

제 2 장

1만 년 동안의
기후변동

– 빙하기의 마지막과 '녹색 사하라'

사하라사막의 타실리나제르에는 8,000~6,000년 전에 그려진
코끼리, 기린, 코뿔소 등의 벽화가 남아 있는 유적이 있다.
현재는 건조하기만 한 사막지대에 어떻게 사바나에서나 살고 있어야
할 동물들이 그려져 있던 것일까?

1.
최종 빙하기의
마지막과 아프리카

최종 빙하기의 전성기, 지상으로 내려온 고릴라

지질시대로 적용시켜 보면 우리들이 살고 있는 현재는 신생대의 제4기에 해당하는 홀로세Holocene, 최후의 지질시대다.

신생대는 6,500만 년 전부터 현재까지로, 공룡이 멸종되고 포유류와 조류가 번영한 시대다. 신생대의 제4기는 260만 년 전부터 현재까지로, 인류가 진화하고 번영한 시대다. 홀로세라는 것은 갱신세의 다음 세대로, 최종 빙하기(7만~1만 년 전)가 끝난 1만 년 전부터 현재까지를 지칭하며 역사시대의 구분으로는 신석기시대 이후와 거의 겹치는 시기다.

지구의 기후변동은 '몇억 년' 단위부터 '1년' 단위까지 다양한 시간의 척도로 일어나곤 했지만 과거 수백만 년 동안은 4만~10만 년 주기로 한랭한 시기와 온난한 시기가 반복되어왔다. 한랭한 시기는 '빙하기'라고 하며 빙하기와 빙하기 사이의 비교적 온난한 시기를 '간빙기'라고 한다. 최종 빙하기(뷔름빙기)는 약 7만 년 전에 시작되어 2만(1만 8,000)년 전 절정에 달했으며 1만 년 전에 끝이 났다. 거기서부터 현재까지의 1만 년을 '후빙기'라고

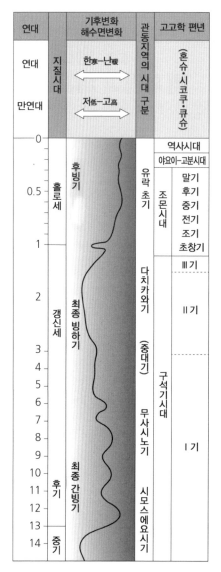

도표 2-1 과거 12만 년의 편년표(가이즈카, 1990)

하며 실제로는 간빙기에 해당한다(도표 2-1).

최종 빙하기가 절정에 달했던 약 2만 년 전 지구는 남극·그린란드뿐만 아니라 북아메리카나 유럽 북부까지 거대한 빙하(빙상)로 덮여 있었고 평균기온도 현재보다 5~10도 정도 낮았다. 일본열도는 약 7도 정도 낮았다고 전해진다.

최종 빙하기의 전성기가 끝나고 지구의 온도는 상승하게 되었고 빙상의 얼음이 녹아서 해양에 흘러나가면서 점차 온난한 시기로 변해갔다. 약 1만 2,000년 전에 일시적(약 1,000년간)으로 급격하게 한랭화가 되었던 시기도 있었지만 그 이후의 지구는 다시 온난하게 바뀌어갔다.

홀로세시대에서 지구가 가장 온난했던 시기는 지금으로부터 약 6,000년 전이며 이 시기를 두고 힙시서멀(hypsithermal, 고온기)이라 한다. 이 무렵까지는 북아메리카나 유럽 북부의 빙상 대부분이 녹은 것으로 알려졌다.

최종 빙하기인 2만~1만 2,000년 전 아프리카는 케냐산, 루웬조리산, 킬리만자로산의 빙하가 크게 전진하였고, 이로 인해 아틀라스, 드라켄즈버그, 에티오피아의 산맥에는 주빙하작용周氷河作用, periglaciation, 지중의 수분이 동결과 융해를 반복하는 것이 활발해졌다. 이 시기에 열대 아프리카는 냉량화冷凉化됨과 동시에 상당히 건조해졌다. 그로 인해 사하라사막이 확대되었고 아프리카에 있던 열대우림의 대부분이 소멸하게 되었다(도표 2-2).

1만 8,000년 전쯤 열대 아프리카는 현저히 건조해졌고 현재의 콩고분지와 기니 만안의 열대우림은 확연히 줄어들었다. 그 대부분은 우드랜드(소개림疏開林)나 사바나, 스텝steppe, 사막 주변의 광대한 초원지대에 나타나는 키 50센티미터 이하의 단초형 초원 등으로 변했다.

이 당시 열대우림이 축소되었다는 것을 설명해줄 데이터가 존재하고 있다. 흥미로운 것은 최종 빙하기였던 그때에 열대우림이 줄어들면서 옮겨진 장소와 현재의 고릴라 분포가 도표 2-3과 같이 절묘하게 일치한다는 점이다. 열대우림에서 살고 있던 고릴라도 열대우림이 줄어든 그 장소로 함께 도망쳤기 때문에 이미 다른 지역까지 열대우림이 넓게 퍼져 있는 현재에도 고릴라는 그곳에서 나오지 않고 있다. 즉, 고릴라가 살고 있는 장소는 빙하시대 때 열대우림이 축소된 그 장소로 한정되어 있는 것이다.

이 시기에 고릴라는 축소된 아프리카 열대우림의 나무 위에서 지상으로 내려와 생활을 시작한 것이다. 한편, 아프리카만큼 빙하의 영향을 받지 않았고 열대우림의 소실도 없었던 동남아시아에서는 지금까지도 오랑우탄이 나무 위에서 생활하고 있다.

또한 이 시기에 동아프리카에서는 강수량이 줄어 호수의 수위가 현저하게 저하되었고 빅토리아 호수의 수위는 나일강으로 유출되지 않을 정도로 줄어들었다.

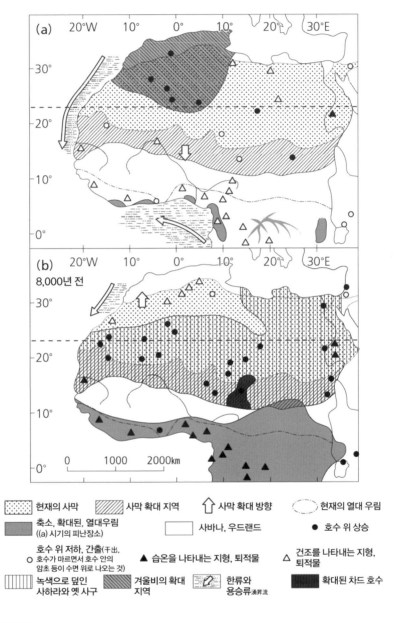

(a) 20°W   10°   0°   10°   20°   30°E

(b) 20°W   10°   0°   10°   20°   30°E
8,000년 전

0   1000   2000km

∷∷ 현재의 사막	▨ 사막 확대 지역
⬆ 사막 확대 방향	⌒ 현재의 열대 우림

축소, 확대된, 열대우림 ((a) 시기의 피난장소)

사바나, 우드랜드

● 호수 위 상승

호수 위 저하, 간출(干出.
○ 호수가 마르면서 호수 안의
암초 등이 수면 위로 나오는 것)

▲ 습온을 나타내는 지형, 퇴적물

△ 건조를 나타내는 지형, 퇴적물

녹색으로 덮인
사하라와 옛 사구

겨울비의 확대
지역

한류와
용승류湧昇流

확대된 차드 호수

도표 2-2 열대 아프리카의 옛 환경―1만 8,000년 전(최종 빙하기의 한랭건조기)과 8,000년 전(후빙기의 온난화기)(가도무라, 1993)

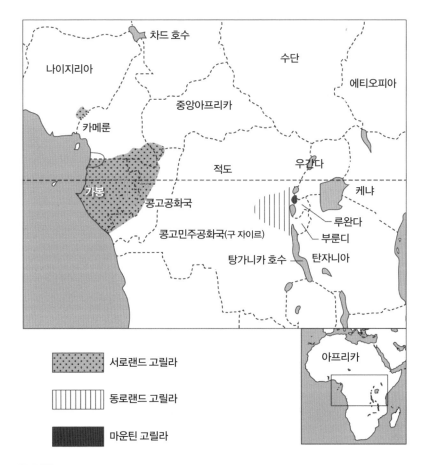

도표 2-3 고릴라의 분포(야마기와 1998을 일부 변경함)

건조화를 한층 더 확실하게 증명할 수 있는 증거로는 식생에 둘러싸인 고 사구古砂丘의 존재를 들 수 있다. 고사구는 동쪽으로는 수단, 서쪽으로는 모리타니에 이르는 현재의 사헬지대에 넓게 분포되어 있다. 나일강, 니제르강, 세네갈강 등은 유량이 감소함과 동시에 이곳저곳에 생긴 사구로 인해 폐색되어버렸다. 이 시기 남아프리카에서는 많은 사구가 직선으로 늘어섰고, 탁월풍이 부는 방향으로 평행하게 형성되었다.

최종 빙하기의 기후변동과 자연의 변화

남아프리카에는 '칼라하리사막'이라 불리는 지역이 있다. 현재의 보츠와나에서 나미비아에 걸쳐 있는 이곳은 실제로는 사막이 아닌 사바나 혹은 스텝이다(사진 2-1). 다만 이 지역이 문자 그대로 사막이었던 시대가 있었다. 그때가 지금으로부터 4만~3만 년 전인 최종 빙하기의 시대다.

그 시대에는 현재의 '칼라하리사막'이라 칭하는 지역보다 면적이 넓으며 앙고라, 나미비아, 보츠와나, 잠비아, 짐바브웨, 남아프리카공화국에 걸쳐 있는 진짜 '칼라하리사막'이 펼쳐져 있었다. 그때의 사구 모래가 현재에도 칼라하리사막 모래로 분포되어 있다(도표 2-4).

현재 칼라하리사막의 서부, 나미비아 국내에는 사구가 뚜렷하게 발달되어 있다(야마가타, 2016a). 그곳에는 길이가 수 킬로미터, 폭이 수백 미터, 높이는 10~60미터에 달하는 대규모의 선상 사구가 평행하게 늘어서 있다. 가장 꼭대기 부분이 평평하게 되어 있고 지표면에서 보면 완만한 물결 모양의

사진 2-1 칼라하리사막(보츠와나). 이름은 '사막'이지만 결코 사막은 아니며, 스텝과 사바나의 식생 경관이다.

지형이 끝없이 이어져 있다. 사구와 사구 사이에 있는 와지窪地는 지하수면
이 비교적 얕은 곳에 있기 때문에 장소에 따라서는 와지에 삼림이 형성되어
있는 곳도 있고, 계절에 따라 하천의 유로가 되거나 폰얕은 접시 구조의 와지이 형
성되어 있는 장소도 많이 존재한다(도표 2-4).

이처럼 지하수가 얕은 장소에 있기 때문에 사구 간의 와지에는 지표 부근
에 칼크리트가 뚜렷이 형성되어 있는 경우가 많다. 앞서 말했듯이 칼크리트
라는 것은 모세관현상에 따른 지하수의 상승과 증발에 의해 지표 부근에 생
기는 석회가 풍부한 집적층이다. 사진 2-2는 칼라하리에 발달하는 칼크리
트다. 지표의 모래를 파면 단단한 암반과 같은 칼크리트 층이 나타나는데,
깊이 파기 힘들 정도로 단단하다(야마가타, 2005b).

최종 빙하기인 4만~3만 년 전에는 현재보다 건조했고 사구가 광범위하

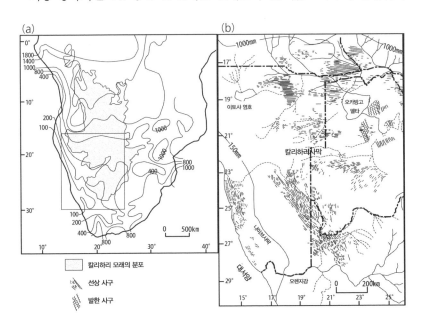

도표 2-4 남아프리카의 연 강수량과 칼라하리사막 모래의 분포(a), 고사구의 분포(b)(야마가타,
2005b; 야마가타, 2016a)

게 분포되어 있었지만 그 후 습윤화가 되면서 그 사구들은 식생에 덮이고 고정화되어 현재는 '고사구'가 되어 있다.

이런 광범위한 고사구를 형성하고 있는 대량의 모래는 어떻게 생기게 됐을까? 그것은 곤드와나 대륙이 분열했을 당시 융기된 대륙 주변부에 비해 내륙부가 상대적으로 낮아지면서 칼라하리 분지가 생겼고 그 주위의 고지에서 대량의 모래가 공급되어 퇴적된 것이다.

1만 년간 아프리카의 기후변동과 자연 그리고 사회

지금부터 1만 년 전 최종 빙하기는 끝이 났고 '간빙기'의 시대를 맞이하게 된다. 한랭기에서 온난기로 바뀌는 이 시기의 아프리카에서는 자연과 식생에 어떤 변화가 일어났는지 살펴보도록 하자.

약 1만 2,000년 전 아프리카는 습윤한 환경을 가진 지역이 광범위하게 퍼져 있었다. 북반구에서는 대기 순환의 변화에 의해 여름철에 열대 수렴대

사진 2-2 건기~반건기 지역에서 쉽게 볼 수 있는 석회가 풍부한 칼크리트(하얀 층)를 채굴하여 도로의 간이 포장에 이용한다(보츠와나).

(제7장 참조)가 내륙으로 더욱 밀려 올라갔다. 그래서 기니만의 습윤한 대기가 사하라 중앙까지 들어오게 되었다.

그로 인해 우기가 길어졌고 사헬지대에 다량의 강수降水를 가져오게 되었다. 사바나화·스텝화되어 있던 적도지대의 사면에는 활발한 토양침식이 일어났고, 그때까지 사구로 인해 막혀 있던 나일강, 니제르강, 콩고강 등 각 하천에 대홍수가 빈발하게 되었다.

적도지대의 밀림은 1만~9,000년에 확대되었고, 9,000~8,000년 전에는 최대 크기로 확대되었다(도표 2-2). 서아프리카의 저지림은 현재의 한계보다 400킬로미터나 북상했고, 사하라의 많은 장소에 초원이 형성되었다.

'서西모리타니'에서는 물길이 갱신세의 사구를 깎아 대서양까지 도달하였고, 6,000년 전에는 차드 호수의 수심이 320미터에 달했다. (현재는 수심이 격감하여 평균수심이 1.5미터라고 한다.) 이때의 정선汀線, 즉 해수면과 육지의 경계선은 나이지리아의 마이두구리 북서 방향에서부터 카메룬의 야구아Yagoua에 이르는 파마리지 사주砂洲, 해안이나 호수 주변의 수면상에 나타나는 모래와 자갈로 이루어진 퇴적 지형나, 차드 북부 파야 부근의 타이망가 사주 등의 지형으로 현재까지 남아 있다. 차드 호수는 흘러넘쳤고 베누에강과 니제르강 하류를 경유하여 대서양까지 도달하였다. 현재 사막의 한복판에 있는 '타우데니'나 '빌마' 등의 사구 사이의 와지에도 크고 작은 호수가 형성되었다(가도무라, 2005).

녹색 사하라

최종 빙하기가 끝난 후 지구가 가장 온난했던 8,000~6,000년 전에는 아프리카에서 대량의 비가 내리고 홍수가 발생해 사막에는 초록이 덮이고 강이 흐르게 되었다. 이 시대의 사하라사막은 '녹색 사하라'라고 불린다(도표 2-2).

사진 2-3 타실리나제르(알제리)

알제리 남동부의 사하라사막에 타실리나제르(투아레그어로 '물이 흐르는 땅'이라는 의미)라는 산맥이 있다(사진 2-3). 이 타실리나제르에는 그 당시에

사진 2-4 타실리나제르의 벽화. 사바나성 야생동물인 기린이 그려져 있다.

그린 코끼리, 기린, 코뿔소 등의 벽화가 지금도 남아 있다(사진 2-4, 2-5).

현재는 건조한 사막 안에 어떻게 사바나 같은 지역에서나 살아가는 동물이 그려져 있던 것일까?

이 벽화는 그 당시 사하라사막이 현재와는 다르게 동물들이 살아갈 수 있는 초록이 풍성한 지역, 즉 말

사진 2-5 타실리나제르의 벽화. 오릭스와 사냥을 하는 사람들이 그려져 있다.

그대로 '녹색 사하라'였다는 것을 알려주는 가장 확실한 증거다. 이 벽화에
는 여러 가지의 동물이 그려져 있다.

이 벽화에 사용된 안료를 통해 그림의 연대를 추정해보면, 2,200년 전 이
후의 벽화에는 낙타, 3,500~2,200년 전은 말, 6,000~3,500년 전은 소가 그
려져 있었고, 8,000~6,000년 전의 벽화에는 코끼리, 코뿔소, 기린 등이 그
려져 있었다. 결국 8,000~6,000년 전에는 그 부근에 코끼리, 코뿔소, 기린
이 살았으며 그곳이 결코 사막이 아닌 사바나였다는 증거가 된다. 타실리나
제르 벽화의 동물은 이 지역의 과거 기후변동을 보여주는 그림책인 것이다.

습윤기의 도래와 구석기문화의 번영

만빙기~홀로세 초기인 약 8,000년 전까지 이어진 습윤기에는 현재의 사
막지대에도 널리 인류가 거주했고, 수산물을 잡거나 채취하는 어로漁撈에 의
존하는 구석기문화가 번영했다(가도무라, 2005).

적도지역에도 강수량이 크게 늘어 지금보다 훨씬 넓은 열대우림에 덮여 있었다. 호수의 수위가 상승한 것도 동아프리카가 습윤한 기후였다는 증거 중 하나다. 1만 년 전에는 빅토리아 호수, 나이바샤 호수, 앨버트 호수, 나쿠루 호수, 마냐라 호수, 탕가니카 호수 모두 지금보다 수위가 상승해 있었고 현재보다 100미터 이상 높은 수위였던 적도 있었다. 에티오피아의 다나킬 사막에서는 이때 깊이 50미터 정도의 호수가 있었다. 케냐 북부 건조지대에 있는 투르카나 호수(사진 2-6)는 현재보다 약 80미터가량 수위가 상승하여 소바트강을 경유하여 나일강 상류 쪽인 북서 방향으로 범람하였다. 또한 서아프리카에서는 가나의 보솜취 호수가 오늘날보다 40미터 상승해 있었다 (Buckle, 1996).

남아프리카는 약 6,000년 전 높은 강수량을 기록했고 기온도 지금보다 훨씬 높았다. 동아프리카에는 6,500년 전 이후 강수량이 크게 증가하여 5,000년 전까지는 상당수의 호수가 수위가 높은 채로 존재했다. 하지만 기후는 7,000년 전 이전에 비해 건조했다(Buckle, 1996).

약 4,500년 전에는 지구 전체로 냉량화가 시작됐고 아프리카의 적도 북쪽에서는 아열대고기압의 기력이 남쪽으로 뻗어나갔다. 그 결과 여름에 남쪽에서 비를 몰고 오는 몬순의 북상을 방해하여 급속하게 건조화되었다 (Buckle, 1996). 또한 3,000년 전에는 그 영향이 남쪽의 습윤지대까지 전해져 삼림의 후퇴, 사바나화가 진행되어 콩고분지의 주변에는 초승달 모양의 '삼일월형' 사바나지역이 탄생하였다.

현재 아프리카 남부 전역에 있는 반투족의 선조는 기원전 3000년경부터 그들의 연고지인 나이지리아와 카메룬의 국경 부근인 기니 사바나에서 빅토리아 호수 주변으로 이동하였다. 이것은 건조화에 의해 생긴 유사한 환경 때문에 동쪽 방향으로 분포를 넓힌 것이다. 또한 다른 서부 그룹은 해안부를 따라 남하하여 기원전 3세기까지 반투 확산의 제2차 중심지였던 콩고분지 남부의 사바나지대에 도달하게 되었다(이치카와, 1997)(도표 2-5).

이들의 이동은 사하라의 건조화로 일어난 목축민의 남하에 수반하여 몇몇 민족 집단의 남북을 향한 연쇄적 집단 이동으로부터 촉발되었을 가능성이 있다. 또 적도지대 건조화가 삼림지대로의 이동을 촉진한 것으로 보인다(가도무라, 1991).

이런 기후의 변동은 강수량이 낮은(200~800밀리리터 정도) 사헬지역에 유난히 큰 영향을 끼쳤다. 근소한 강수량의 변화로 인해 경작 가능 한계나 소의 목축의 성패를 결정짓는 체체파리의 분포 한계를 남북 500킬로미터 이상 이동시켰기 때문이다. 그리고 그 이동은 광범위하게 이루어진 인구 이동이나 민족 간의 접촉 및 충돌을 초래하게 되었다(미즈노, 2008).

사진 2-6 아프리카 대지구대에 위치한 투르카나호수(케냐). 거대하고, 폭이 좁고 길며 수심이 깊은 단층호(지구호)의 특징을 가지고 있다.

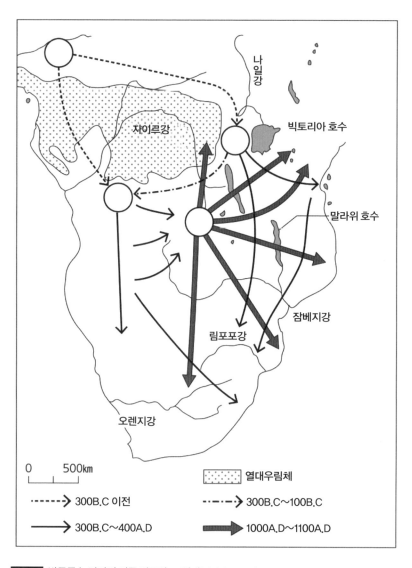

도표 2-5 반투족 농경민의 이동 경로와 그 연대(이치카와, 1997)

유럽 최종 빙하기의 식생과 현재의 식물분포

최종 빙하기(7만~1만 년 전)에서 홀로세로 이행하는 시대는 아프리카뿐만 아니라 지구 전체에 커다란 환경 변화가 일어났던 시대였다. 여기서 이 시기 유럽의 자연과 식생에 관해서 간단하게 살펴보도록 하자.

이 시대의 북유럽은 북부 독일부터 스코틀랜드까지 얼음에 덮여 있었다. 남부 독일이나 프랑스는 고산식물이 있는 툰드라 초원이었다(도표 2-6). 수목들은 씨를 날려서 남쪽으로 이동하려고 했지만 유럽 알프스와 피레네산맥이 그 이동을 막았다.

제4기(260만 년 전~현재)에는 4회 이상의 빙하시대가 있었다. 빙하시대에

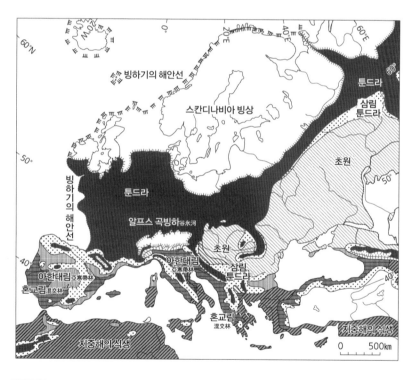

도표 2-6 최종 빙하기 유럽의 자연환경(Budel, 1982; 스기타니·히라이·마쓰모토, 2005)

사진 2-7 전형적인 유럽의 삼림. 나무 종류가 적어 단조롭다.

는 수목들이 남하하고 간빙기에 북상한다. 하지만 그때마다 양쪽의 산맥이 장애가 되어 많은 종류의 나무들이 소멸했고 유럽의 수종이 극감하게 된 것이다. 이 때문에 현재 유럽의 식생은 비정상적으로 단조롭다. 고등식물유관속維管束을 가진 식물로 양치식물과 종자식물이 포함된다은 전부 합쳐도 2,000종류 정도밖에 되지 않는다.

유럽과 비교해 보면 일본은 작은 섬나라임에도 불구하고 약 5,600종(그중 1,950종이 고유종이며 고유율은 35퍼센트)이 존재한다. 영국이 약 1,500종, 아일랜드가 약 1,000종인 것에 비해 일본은 도쿄 근교 다카오산(599미터)에만 약 1,200종의 고등식물이 살고 있다.

유럽의 삼림은 지극히 단순하며 삼림을 형성할 수 있는 수종은 전부 합쳐도 30종류 정도로 매우 적다(사진 2-7). 영국에는 천연적으로 분포하는 침엽수가 세 종류밖에 없으며 심지어 삼림다운 고목은 유럽소나무 1종류뿐이라고 한다.

스칸디나비아에도 침엽수는 소나무와 가문비나무 1종만 분포하고 있을 뿐이다. 중유럽에도 고목에 해당하는 침엽수는 소나무 2종, 가문비나무와 전나무, 잎갈나무가 1종씩밖에 없다. 활엽수도 삼림다운 종류는 졸참나무 2종, 너도밤나무 1종, 자작나무 3종밖에 없다. 한편, 일본의 침엽수는 37종이 있다. 한 지구地區에만 300~400종의 수목이 있고 다른 식물도 포함하면 800~1,000종에 달한다.

일본열도는 열대를 제외하고 세계에서 가장 식물이 풍부한 곳 중 하나다.

2.
최종 빙하기의
일본

기후변동과 일본의 생물 분포

최종 빙하기에 일본은 어떤 모습이었을까?

이 시기의 일본은 해면이 120미터 정도 저하되었고(도표 2-7) 수심이 얕

은 마미야해협사할린과 아시아 대륙 사이의 해협, 수심 10미터 이하이나 소야해협훗카이도

와 사할린 사이의 해협, 수심 45~50미터은 대륙화에 의해 육로가 형성되었지만 수심

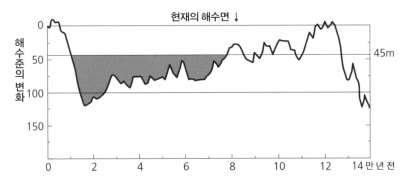

도표 2-7 14만 년 전 이후의 해수면 변화(Shackleton, 1987)와 소야해협이 성립된 시기(색칠 부분)(오노, 1990; 1991)

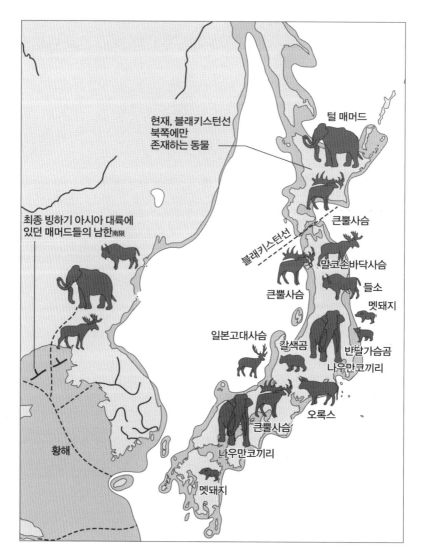

현재, 블래키스턴선
북쪽에만
존재하는 동물

털 매머드

최종 빙하기 아시아 대륙에
있던 매머드들의 남한南限

큰뿔사슴

블래키스턴선

큰뿔사슴

말코손바닥사슴

들소

멧돼지

일본고대사슴

칼색곰

반달가슴곰

나우만코끼리

오록스

황해

큰뿔사슴

나우만코끼리

멧돼지

도표 2-8 최종 빙하기, 홋카이도와 일본열도에 주로 서식하고 있던 동물(일본 제4기 학회, 1987을 토대로 오노 편집; 중국의 매머드 동물군의 남한南限은 Xu et al., 1988을 토대로 하였다.)(오노, 1991)

120~140미터의 쓰가루해협혼슈와 홋카이도 사이의 해협은 이어지지 않았다. 마미야해협과 소야해협의 대륙화로 홋카이도는 대륙과 연결되어 시베리아에

사진 2-8 일본의 홋카이도에서만 서식하고 있는 우는토끼

서 홋카이도까지 동물들이 육로를 건너 넘어오게 되었다(도표 2-8). 말코손
바닥사슴moose과 같이 몸집이 크고 수영을 잘하는 동물은 해면이 저하되면
서 폭이 좁아진 쓰가루해협을 헤엄쳐서 혼슈까지 올 수 있었다. 하지만 몸집
이 작은 동물은 그 좁아진 해안을 건널 수 없었기 때문에 '우는토끼pika'(사진
2-8)나 검은담비, 얼룩다람쥐, 에조야치네즈미 등은 홋카이도에서만 서식
하고 있다(오노, 1991). 우는토끼는 다이세쓰산에서 볼 수 있으며 다이세쓰
산에는 그 부근에서만 서식하는 황모시나비를 볼 수 있다(사진 2-9).

따라서 홋카이도와 혼슈의 동물상은 크게 다르며 이런 홋카이도와 혼슈
사이의 생물 분포 경계를 '블래키스턴선'이라고 한다(1880년대 영국인 토마
스 블래키스턴이 일본의 조류 분포를 통해 제창).

매머드는 400만 년 전부터 1만 년 전까지 살았으며 육로를 통해 시베리

사진 2-9 도카치다케 산봉우리의 해발 1,700미터 이상 고산대에서만 서식하는 일본의 천연기념물 황모시나비. 나비유충이 일본망아지풀(양귀비과)을 주로 먹기 때문에 일본망아지풀이 생육하는 풍충사력지에서 서식한다.

아에서 홋카이도까지 건너왔다. 홋카이도에서 발견한 매머드의 연대는 약 6만 년~2만 년 전이다. 시베리아의 영구동토永久凍土, permafrost의 얼음 속에서 발견된 매머드의 위장에는 많은 볏과의 풀이 들어 있다. 따라서 빙하기 홋카이도의 북쪽이나 남쪽에 볏과의 초원이 펼쳐져 있었음을 예상할 수 있다. 하지만 약 1만 년 전에 빙하기가 끝나면서 기온이 상승하고 눈이 쌓이는 환경으로 변했고, 매머드의 식량이었던 풀이 줄어들어 매머드가 멸종하게 됐다는 것이 유력한 가설 중 하나다.

한편, 2.5미터~3미터 정도로 소형에 속하는 나우만코끼리의 화석이 나가노현의 노지리 호수에서 발굴된 것을 시작으로 혼슈의 각지에서 출토됐다. 아마도 쓰시마해협이 육로가 되었던 리스빙기(18만~13만 년 전) 또는 그보다 더 이전인 빙하기 때에 중국에서 건너왔을 것이라 예상된다. 나우만코

사진 2-10 도야마현 우오즈시의 매몰림. 지금으로부터 2,000년 전인 야요이시대의 해퇴海退, 해수면의 하강으로 인해 해안선이 바다 쪽으로 이동하는 것 당시, 해안을 따라 분포했던 삼림은 그 후 해수면 상승으로 수몰되었다(우오즈 매몰림 박물관 제공).

끼리는 혼슈에서 가장 한랭했던 약 2만 년 전까지 생육해서 노지리 호수 주변에서는 구석기인들의 사냥감이 되기도 했었으나, 홋카이도에서는 비교적 이른 시기인 최종 빙하기에 멸종되었다(오노, 1991).

온난기인 조몬시대에는 해수면이 상승하여 만의 안쪽까지 물이 침입했기 때문에 내륙에서 조몬시대의 조개더미를 볼 수 있다. 하지만 지금으로부터 약 2,000년 전인 야요이시대에 한랭화가 되어 해수면이 내려갔고, 해안을 따라 자라던 수목들은 바다에 그대로 매몰돼버렸다. 도야마현 우오즈시의 해안가에 가면 현재에도 그 매몰림埋沒林의 모습을 볼 수 있다(사진 2-10).

일본의 산 곳곳에 남은 많은 빙하기의 흔적들

마지막 빙하시대인 '최종 빙하기'는 지금으로부터 7만 년 전에서 1만 년 전까지다(도표 2-9). 그 최종 빙하기의 전성기였던 2만 년 전, 일본알프스의 해발 2,500~2,600미터 이상과 히다카산맥의 해발 1,600미터 이상에는 빙하가 흘러 빙하지형이 형성되었다.

해발이 높을수록 빙하가 형성되기 쉽지만 빙하가 형성되기 위해서는 한 해를 통틀어 적설량이 융설량을 웃돌아야 한다. 그 최저고도를 설선雪線이라고 하는데 현재의 일본 중부지방에서는 고도 4,000미터 부근에 설선이 있다. 설선은 눈이 녹는 양보다도 쌓인 양이 더 많은 고도의 하한선을 의미한다. 그래서 설선보다 높은 산이 있다면 설선의 고도보다 위에 있는 장소에는 점점 눈이 쌓이고 그 무게에 의해 아래쪽의 눈 결정이 결합되어 얼음이된다. 얼음은 지표를 미끄러지게 하고 빙하는 조금씩 사면 밑쪽으로 이동한다. 그 속도는 빙하에 따라 제각각이지만 일반적으로 하루에 수십 센티미터에서 수 미터를 이동하기 때문에 눈으로 보기엔 움직임이 보이지 않는다.

빙하시대 당시 일본열도의 설선은 현재보다도 1,000미터 이상 낮았고, 그 때문에 일본알프스나 히다카산맥 등에는 빙하가 형성되어 있었지만 현재의 설선은 산지의 고도보다 높은 위치에 있기 때문에 현재 빙하는 형성되어 있지 않다. (최근 들어 다테산 일부에서 빙하의 존재가 논의되기 시작했다.) 하지만 빙하시대 때 일본의 고산에는 확실하게 빙하가 존재했었다. 일본에 빙하가 존재했음을 알 수 있는 이유는 일본알프스나 히다카산맥에 빙하가 흐르는 지형인 '카르kar'나 '모레인moraine'이 남아 있기 때문이다.

빙하가 흐를 때 지면을 깎아 절구 모양의 오목한 지형을 형성하는데 이 지형을 '카르(권곡)'라고 한다. 온난화가 되면 빙하도 사라지기 시작하지만, 빙하가 커졌을 당시 빙하 전면에 있던 토사 덩어리가 남게 되고 이것을 '모

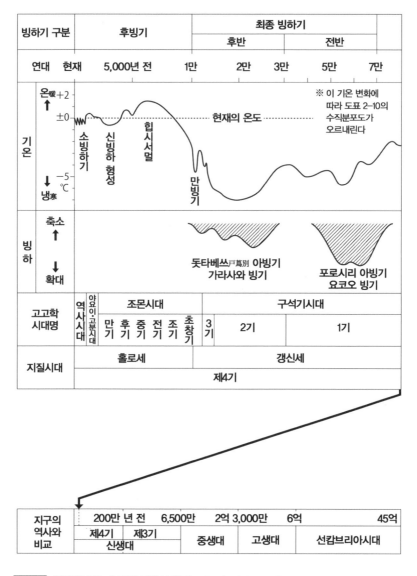

도표 2-9 최종 빙하기~현재의 자연사 연표(코이즈미 · 시미즈, 1992)

레인'이라고 한다. 이렇게 카르나 모레인을 '빙하지형'이라고 부르는데 모
레인이 있는 위치를 통해 예전 빙하의 움직임을 추정할 수 있다. 제일 낮은

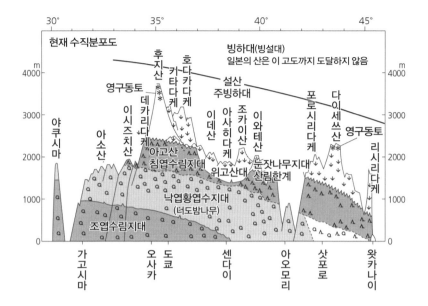

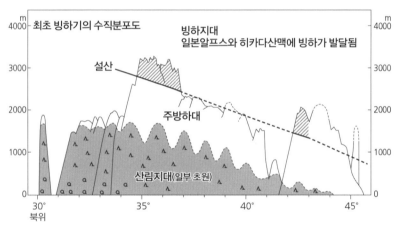

도표 2-10 현재와 최종 빙하기의 수직분포(코이즈미·시미즈, 1992)

장소에 형성되어 있는 모레인의 연대를 알면 빙하가 가장 컸던 시대를 알수 있다. 자세한 빙하지형에 관해서는 이와타(2011)에 상세하게 정리되어 있다.

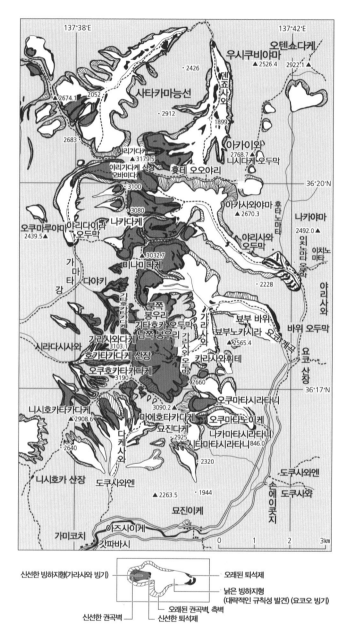

137°38'E

137°42'E

오텐쇼다케

우시쿠비야마
▲2526.4   2922.1 ▲

·2426
덴
죠
사
오

사타카마능선

·2912

▲2674.1   2052

2683

·1899

아카이와

아리가다케
▲3179.5   니시다케오두막
아리가다케 산장
오바미다케
후테 오오야리

2768.7 ·

·3100

·3080

오쿠마루야마   아리다이라   나카다케
2439.5▲   오두막

아카사와야마   후타
▲2670.3   노
마
타

36°20'N

나카야마
2492.0 ▲

잇
노
마
타
우

이치노
마타

가
마
타
강

다야키

·3032.7
미나미다케

아리사와
오두막

·2228

야
리
사
와

·3103.1
시라다시사와

북쪽
봉우리
가타호카오두막
남쪽봉우리   가
리
사
와

보부 바위
보부노카시라   요
가
계
곡

바위 오두막

요
코
산
장

가리사와다케

호타카다케 산장
오쿠호카타카테
·3190

카리사와휘테

·2565.4

·2660

36°17'N

니시호카타카다케
▲2908.6

·3090.2
마에호타카다케
묘진다케
·2925

오쿠마타시라타니

오쿠마타노이케
나카마타시라타니
846.0
시타마타시라타니

도쿠사와엔

다
케
사
와
2640

·2320

손
에
이
코
지

도쿠사와

니시호카 산장   도쿠사와엔

▲2263.5   ·1944

묘진이케

0   1   2   3km

가미코치   아즈사이케
갓파바시

신선한 빙하지형(가라사와 빙기)   오래된 퇴석제

낡은 빙하지형
(대략적인 규칙성 발견) (요코오 빙기)

신선한 권곡벽   오래된 권곡벽 측벽
신선한 퇴석제

도표 2-11 최종 빙하기의 소우·호타카 연봉連峯의 빙하지형 분포도(이오사와, 1979). 신선한 가라사와기
(2만~3만 년 전)와 조금은 개절開折된 넓은 요코오기(4만~5만 년 전)

일본의 산맥은 여러 산봉우리들이 남에서 북으로 등뼈처럼 길게 이어져 있기 때문에 '척량산맥'이라 불리는데 빙하지형은 그 산맥의 동쪽 사면에 형성되어 있는 경우가 많다. 즉, 빙하시대에는 산맥의 동쪽 사면에 빙하가 형성되어 있었다. 현재 겨울에는 북서계절풍이 불며, 빙하시대도 똑같이 북서계절풍이 불었을 것으로 추측된다. 남북으로 뻗어 있는 척량산맥은 겨울에는 서쪽에서 바람이 불어 능선 정상부의 눈을 동쪽 사면으로 날려버린다. 따라서 능선의 서쪽은 눈이 날아가 지표가 노출되거나 눈이 적게 남아 있으며 그에 비해 동쪽 경사면은 눈이 점점 쌓여 빙하시대에는 빙하가 형성되었다. 그 빙하가 사면을 내려올 때는 불도저처럼 지면을 깎아 빙하선단의 전면에 있던 토사를 사면 밑쪽으로 옮긴다. 빙하에 의해 지면이 깎이면 절구 모양의 오목한 지형(카르)이 형성되며 빙하가 옮긴 토사 덩어리(모레인)가 형성되는 것이다.

현재 중부 산악지대의 고도 4,000미터 부근에 있는 설선은 최종 빙하기 당시, 고도 2,500미터까지 내려갔었기 때문에(도표 2-10) 일본의 고산에는 빙하가 존재했던 흔적인 빙하지형을 볼 수 있다(도표 2-11). 또한 현재의 삼림한계의 높이는 최종 빙하기 때의 설선의 높이와 거의 일치한다. 그렇기 때문에 최종 빙하기 때 빙하가 지표를 깎아 만들어진 절구 모양 지형인 카르 말단末端의 위치나, 빙하가 불도저처럼 전진하면서 암설巖屑, 풍화작용으로 파괴되어 생긴 암석의 부스러기을 옮겨 선단先端에 퇴적시킨 작은 산 모레인(빙퇴석, 퇴석)(사진 2-11)의 위치는 현재의 삼림한계와도 거의 일치한다(사진 2-12).

빙하 경계선 밑의 고산식물이 자라고 있는 '화초 군락지'는 동북지방의 경우, 최종 빙하기 때 고도 1,000미터 정도의 북상 고지에 넓게 분포되어 있었다. 하지만 빙하시대가 끝나고 고산식물들은 높은 산 쪽으로 옮겨 갔는데, 북상 고지에 퍼져 있던 고산식물은 유일하게 고도가 2,000미터나 되는 하야치네산(1,917미터)으로 갔고, 그 때문에 하야치네산에는 세계에서 하나밖에 없는 고유종인 왜솜다리(일본에서 유럽의 에델바이스와 가장 닮아 있다고 말함)(사진 2-13) 등이 분포하게 되었다.

또한 고도가 3,000미터 이상임에도 후지산이나 온타케산, 노리쿠라다케 등에서는 빙하지형을 볼 수가 없다. 후지산이 현재의 형상이 된 것은 최근이며, 빙하시대에는 그 전신인 옛 후지화산이 존재했지만 그 후에 생긴 화산활동으로 인해 그 당시의 빙하지형은 파괴되었다. 즉, 화산활동에 의한 용암류나 화쇄류火碎流에 뒤덮여 있기 때문에 빙하지형을 볼 수 없다. 그러므로 빙하시대 이후의 화산활동에 의해 형성된 새로운 화산에는 빙하지형이 존재하지 않는다.

카르나 모레인의 위치는 빙하시대에서 현재까지의 고산 식생을 조사하기에 더없이 중요한 정보를 우리들에게 시사해준다. 온난화의 영향으로 최

사진 2-11 노구치고로다케의 카르. 모레인 위에는 눈잣나무, 토석류 편상지 위에는 광엽 초목 군락이나 눈밭의 식물 군락이 형성되어 있다. 그리고 카르의 말단은 민둥한 땅이 되어 있다.

사진 2-12 알프스의 아라카와다케의 빙하지형인 카르. 카르의 끝부분은 거의 삼림한계가 되어 있다.(고산지대는 적설로 인해 하얗게 보이며, 삼림대는 적설이 있어도 어둡게 보인다.)

사진 2-13 하야치네산에만 서식하는 고유종인 왜솜다리(하나마키시 종합문화재센터 제공)

근 급속도로 진행되고 있는 아프리카 고산지대의 식생 변화에 대해 항목별로 설명해보고자 한다.

빙하와 야마노테선에 있는 역의 신기한 관계

최종 빙하기의 한랭화, 그리고 그 후에 일어난 온난화에 의해 일본의 지형도 크게 변화하였다. 그리고 그 흔적은 고산지대 등의 한계지대뿐만 아니라 많은 사람들이 살고 있는 도시에도 남아 있다. 여기에서는 도쿄, 나고야, 오사카를 예로 들어 살펴보기로 한다.

도쿄의 야마노테선에 타고 있으면 전철이 지하에도 들어갔다가 바깥의 고가 위를 달리기도 한다. 예를 들면 메구로역은 지하에 있지만 두 정거장 전인 시부야역에서는 전철이 고가 위를 달린다. 전철은 롤러코스터처럼 갑자기 상승하거나 하강할 수 없기 때문에 궤도의 높이를 일정하게 유지해야 한다. 그렇기 때문에 높은 지대의 지형에서는 지하(수로)를 달리고 골짜기처럼 낮은 지형에서는 고가 위를 달리는 것이다.

즉, 야마노테선의 신주쿠역에서는 전철이 지상보다 낮은 장소를 달리며 시부야역에서는 지상보다 높은 곳을 달리고 있는 것이다. 이런 사실은 예전부터 신주쿠에는 고층 빌딩들이 줄지어 세워져 있는 것에 비해 시부야의 중심부에는 고층 빌딩이 없다는 사실과도 큰 관련이 있다.

왜 야마노테선의 이야기를 하는 것인지 의아하게 생각하는 사람도 있을지 모르겠지만 사실 이 관계의 끈을 풀어줄 키워드가 바로 '빙하'인 것이다. 즉, 지금으로부터 7만~1만 년 전의 최종 빙하기로 인해 현재의 신주쿠에서는 전철이 지상보다 밑을, 시부야에서는 전철이 지상보다 위를 달리고 있는 것이다. 또한 신주쿠에는 고층 빌딩이 집중되어 있고 시부야에는 최근까지 고층 빌딩이 없었다는 원인 또한 빙하기로 인해 만들어진 것이다. 지금부터

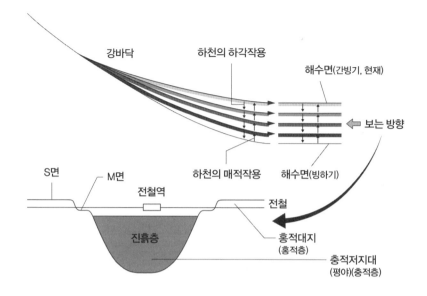

도표 2-12 빙하기 때의 해수면 저하에 따른 하천의 하각작용과, 홍적대지(홍적층)와 충적저지대(충적층)의 관계(위: 횡단면도, 아래: 종단면도)

그 이야기를 설명하려 한다.

　최종 빙하기시대에 기온이 내려감에 따라 대륙에는 빙하가 퍼지게 되었고 그렇게 퍼진 빙하의 얼음만큼 바다로 유입되는 물이 줄어들었다. 결국 해수면이 줄어든 것이다. 최종 빙하기 때 일본 부근에서는 해수면이 현재보다 약 120~140미터나 내려갔다. 도표 2-12처럼 바다에 유입되는 모든 강은 해수면이 내려간 만큼 하천 바닥을 깎으며 나아갔다. 이것을 하천의 하각작용이라고 한다. 최종 빙하기의 전성기 때(2만 년 전), 이런 하천의 하각작용으로 인해 해수면이 가장 밑으로 내려갔고 각각의 하천이 커다랗고 깊은 골짜기를 만들었다. 그 골짜기의 깊이나 크기는 도표 2-12에 표기된 것처럼 강 입구와 가까울수록 커다랗고 깊다.

　도표 2-13은 예전 도요코선 노선 주변의 단면도다. 빙하시대 하천의 하

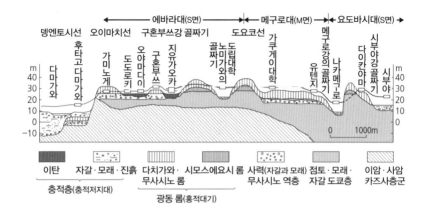

덴엔토시선   오이마치선   구혼부쓰강 골짜기   도요코선

다마가와 · 후타고다마가와 · 가미노게 · 도도로키 · 오야마다이 · 구혼부쓰 · 지유가오카 · 골짜기 · 노미가와의 · 도리쓰대학의 · 가쿠게이대학 · 메구로강의 골짜기 · 유텐지 · 나카메구로 · 다이칸야마 · 시부야강 골짜기 · 시부야

m
40
30
20
10
0
-10

m
40
30
20
10
0

0   1000m

| 이탄 | 자갈 · 모래 · 진흙 | 다치가와 · 무사시노 롬 | 시모스에요시 롬 | 사력(자갈과 모래) · 무사시노 역층 | 점토 · 모래 · 자갈 도쿄층 | 이암 · 사암 카즈사층군 |

충적층(충적저지대)

광동 롬(홍적대기)

도표 2-13 덴엔토시선-오이마치선-도요코선에 따른 지형과 지질 단면도(가이즈카, 1990)

각작용으로 인해 시부야에는 시부야강이 커다란 골짜기를 만들었고 나카메구로에는 메구로가와, 도리츠대학에는 노미가와라는 강이 커다란 골짜기를 만들었다. 그 후 빙하시대가 끝나고 온난화가 되자 빙하가 녹으며 바다에 흘러들어가면서 해수면은 상승했다. 각각의 하천은 해수면이 올라감에 따라 그 해수면 높이에 강물이 맞춰 흐르면서 하천의 하각작용은 멈추었다. 그로 인해 반대로 하천에는 상류에서 옮겨온 진흙이 골짜기 밑에 퇴적되는 매적埋積 작용이 발생했다.

그 결과, 빙하시대가 끝나고 온난한 시대가 되면서 시부야강은 시부야의 골짜기에 진흙을 퇴적시켰고, 그 후 다른 하천에도 각자의 빙하시대 때 만들어졌던 골짜기 부분에 진흙이 쌓여갔다. 따라서 시부야의 골짜기는 주변보다 낮은 지형일 뿐만 아니라 그 골짜기 밑에는 진흙이 쌓여 있기 때문에 지반이 약한 특징을 갖고 있다.

조금 더 자세하게 살펴보도록 하자. 지금으로부터 13만~12만 년 전 시모스에요시기라 불리던 시대는 지금보다 온난하고 해수면이 높았으며 도쿄

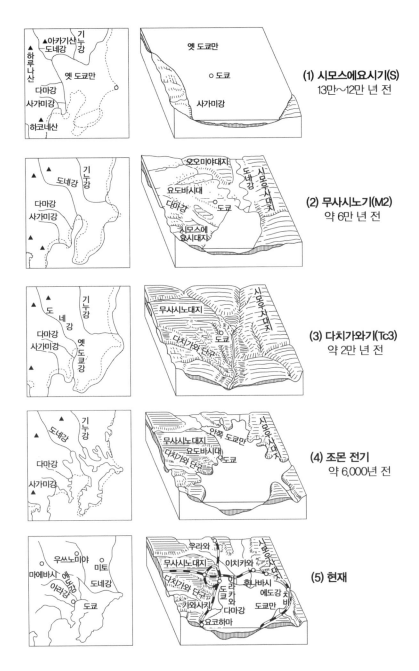

도표 2-14 관동평야와 도쿄 지형의 변이(가이즈카, 1990)

만의 안쪽까지 바닷물이 침입하여 고동경만古東京灣을 형성하고 있었다(도표 2-14). 그때에 생긴 해수면보다 바싹 마르고 높은 지대를 홍적대지의 시모스에요시면(S면)이라고 부른다. 그리고 약 6만 년 전인 무사시노기에 해수면이 조금 내려감에 따라 새롭게 생긴 마른 지대를 홍적대지의 무사시면(M면)이라고 부른다(가이즈카, 1964, 1990).

홍적대지란 최종 빙하기의 전성기인 2만 년 전 이전에 이미 바다에서 얼굴을 내밀고 나와 있던 고지대를 가리킨다. 그 지층을 '홍적층'이라 하고 그 지형이 만들어진 시대를 전에는 '홍적세'라고 불렀다(현재는 '갱신세').

한편, 최종 빙하기 때 골짜기에 진흙이 쌓여 만들어진 지형을 충적평야 또는 충적지대라 부르고 그 진흙층을 '충적층'이라 부른다. 또 그 지형이 만들어진 시대를 이전에는 '충적세'라 불렀다(현재는 '홀로세'). 그렇게 되면, 홍적세와 충적세의 시대 구분은 2만 년 전이라는 것이 되는데 확실히 일본에서는 지형 구분과 시대를 2만 년 전으로 구분하는 편이 알기 쉬울 것이다. 하지만 도표 2-1을 한 번 더 살펴보길 바란다. 약 1만 년 전에 역시 해수면이 내려갔던 시대가 있었다. 이때 유럽에서는 같은 모양의 지형의 차이와 지층의 부정합면이 생겼다. 일본에서는 2만 년 전과 비교해보면 이 1만 년 전때의 차이가 불명료하지만, 1만 년 전에 시대 구분이 된 유럽에 맞추어 현재에는 1만 년 전을 '홀로세', 1만 년 전 이전을 '갱신세'라 부르고 있다.

최종 빙하기 이후의 기후변화와 도쿄의 지형

약 2만 년 전인 빙하시대의 전성기는 해수면이 가장 내려갔던 시기이며, 각각의 하천에는 하각작용으로 인해 커다란 골짜기가 만들어졌다. 그리고 약 6,000년 전인 조몬시대에는 지금보다 더욱 온난하여 해수면이 올라갔고 도쿄만 안쪽까지 바닷물이 침입하여 오奧도쿄만을 만들었다.

그때 살고 있던 조몬인은 그 오도쿄만의 해안에서 조개를 잡아먹고, 그 조개껍질은 땅에 버렸는데 그것이 바로 오오모리패총이다. 현재의 오오모리는 조몬시대 때의 해안선이었던 것이다.

1877년(메이지 10년), 미국인 동물학자 에드워드 S. 모스Edward S. Morse는 열차를 타고 요코하마에서 신바시로 향하고 있었다. 그는 오오모리역을 지나갈 때 열차 창문으로 보이는 언덕에 조개껍질이 쌓여 있는 것을 보고 놀랐다. 이후 바로 발굴을 시작하였고 그곳에서 토기와 토우, 돌도끼 등을 발굴할 수 있었다.

같은 시기, 하인리히 폰 지볼트Heinrich von Siebold도 오오모리패총의 발굴을 시작하였다. 두 사람은 제1의 발견자 자리를 두고 경쟁하여 에스 모스는 1877년 12월 '네이처'에 자신이 제1의 발견자라는 기사를 투고하였고, 지볼트도 다음 해 1월 자신이 오오모리패총을 발견했다는 기사를 발표하여 에스 모스를 자극했다.

참고로 에스 모스가 논문에 발굴 장소를 상세하게 적지 않고 그 소재지를 '오오모리 숲'이라고 기술했던 것 때문에 발굴 지점에 관해 '시나가와구'라는 설과 '오오타구'라는 설이 있었다. 양쪽 구역 모두 오오모리패총의 기념비가 남아 있지만 현재에는 시나가와구 쪽에 있었다는 설이 유력하다고 여겨지고 있다.

다시 본론으로 돌아가 보자. 조몬시대 이후 기온이 조금 떨어지고, 각각의 골짜기에는 진흙이 퇴적되어 현재의 모습이 되었다. 도표 2-13의 도요코선을 보면, 예전 최종 빙하기에 생긴 골짜기에 진흙이 쌓여 만들어진 충적지대인 시부야역은 전철이 지면보다 높은 곳을 달리고 있다. (현재는 지하에도 역이 건설되었다.) 다이칸야마에는 최종 빙하기 전부터 있었던 높은 지대의 홍적대지인 시모스에요시면, 줄여서 S면이 올라와 있다. 나카메구로는 충적저지이므로 전철은 지면보다 높은 곳을 달리며 유텐지역과 가쿠게대학역은 홍적대지인 무사시노면, 즉 M면을 달리기 때문에 전철은 지면 높이를 달린다. (현재는 고가화가 되었다.) 도리쓰대학역은 충적저지이기 때문에 전철이 높은 곳을 달린다. 가쿠게대학역과 도리쓰대학역의 사이나 도리쓰대학과 지유가오카역의 사이는 홍적대지인 시모스에요시면, 즉 S면이므로 M면의 높이로 달리는 도요코선은 중간에 끊어진 길(수로, 지면을 파고 물이 흐르게 한 곳) 사이를 달리는 것이다.

이처럼 도요코선의 차창에서 보행자 혹은 집들이 이어진 장소가 위쪽으로 보인다면 그곳은 12만 년 전에 생긴 홍적대지인 S면이고, 같은 높이라면 6만 년 전에 생긴 홍적대지인 M면이다. 또 밑으로 보인다면 2만 년 전 이후에 생긴 충적저지다.

야마노테선 차창 밖으로 보이는 도쿄의 지형

야마노테선에서도 똑같이 살펴보도록 하자. 먼저 평면도를 통해 살펴보면 시부야는 빙하시대 때 시부야강의 하각작용으로 골짜기에 진흙이 쌓여 충적저지가 만들어졌다. 또한 시나가와역에서 타바타역까지는 옛 도쿄강이 만든 커다란 골짜기에 진흙이 쌓인 충적평야의 서단이다. 우에노역과 타바타역 사이의 바로 서쪽에는 홍적대지 M면인 혼고다이가 있고 그 절벽 밑을 전철이 달리고 있다(도표 2-15). 이케부쿠로역은 홍적대지 M면인 토요시마다이, 신주쿠역은 홍적대지 S면인 요도바시다이다. 단면도인 도표 2-16을 보면 그 높이의 차이를 잘 알 수 있다.

지면보다 높은 곳에 있는 시부야역을 빠져나온 열차는 홍적대지 S면인 시로가네대지에 오면 지하로 들어가기 때문에 메구로역은 지하에 있다. 메구로에서 고탄다역까지는 S면에서 충적평야로 한 번에 내려가기 때문에 전철

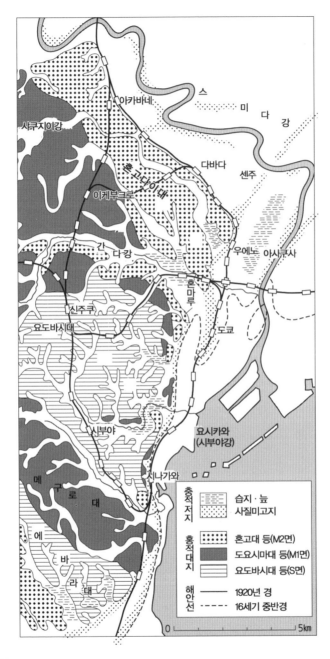

스
미
다
강

아카바네

사쿠지이강

혼고다이대

이케부크로

다바다

센주

간
다강

신주쿠

요도바시대

혼
마
루

우에노 아시쿠사

도쿄

시부야

요시카와
(시부야강)

메
구
로
대

에
바
라
대

신나가와

충적저지		습지·늪
		사질미고지
홍적대지		혼고대 등(M2면)
		도요시마대 등(M1면)
		요도바시대 등(S면)
해안선	──	1920년 경
	---	16세기 중반경

0 ⊢───────────⊣ 5km

도표 2-15 야마노테대지와 번화가 저지의 지형(가이즈카, 1990)

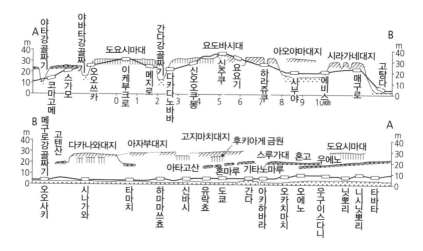

도표 2-16 야마노테선에 따른 지형(가이즈카, 1990)

* 빗금을 그은 대지가 S면, 세로선은 M1면, 검은 점은 M2면, S면과 M면은 홍적대지, 얼룩점은 충적저지다.

을 타고 주의 깊게 지켜보면 전철이 조금씩 밑으로 내려가는 것을 알 수 있
다. 고탄다역에서 타바타역까지는 충적평야를 달리고, 거기서부터 조금씩
전철이 올라가서 이케부쿠로역에서는 M면까지 올라간다. 간다가와의 충적
저지인 다카다노바바에서는 조금씩 내려가다가 신주쿠에서는 최고 지점인
S면까지 올라간다. 신주쿠에서는 육교 밑 부분으로 JR선이 달리고 있는 것
을 볼 수 있다. 그리고 신주쿠에서 시부야역까지 다시 내려가게 되는 것이다.

신주쿠에는 예전부터 고층 빌딩이 줄지어 지어져 있었지만, 시부야의 중
심부에는 고층 빌딩이 없었다. 이것에 대해 설명하면 다음과 같다.

도쿄는 JR 야마노테선 안쪽이 도심부에 해당되고 거기에서 교외로 뻗어
나가는 민영 철도로 환승하는 전철역 쪽에 백화점이나 전문점이 있는 거리
가 집중되는 '부도심'이 발전했다. 즉, 신주쿠, 시부야, 이케부쿠로, 시나가
와, 우에노가 부도심에 해당한다. 부도심은 땅값이 높기 때문에 빌딩이 고층
화되어 있는데 그런 고층 빌딩을 지을 때에 건축 비용의 차이는 지반의 경

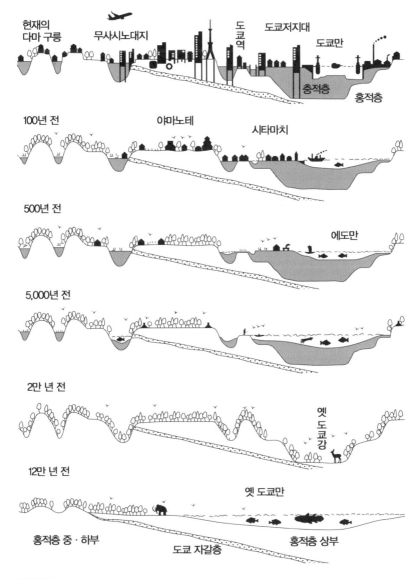

현재의
다마 구릉   무사시노대지   도쿄역   도쿄저지대   도쿄만

충적층   홍적층

100년 전   야마노테   시타마치

500년 전   에도만

5,000년 전

2만 년 전   옛 도쿄강

12만 년 전   옛 도쿄만

홍적층 중·하부   도쿄 자갈층   홍적층 상부

도표 2-17 도쿄의 지형과 인공물의 변이(가이즈카, 1990)

도와 깊은 관련이 있다. 12만 년 전에 형성된 고대의 신주쿠는 가장 지면이
단단하고 건축 비용도 저렴했다. 그다음이 6만 년 전에 생긴 M면인 이케부

쿠로다. 한편, 2만 년 전인 빙하시대에 하천의 하각작용으로 패인 골짜기에 진흙이 쌓여 만들어진 충적저지인 시부야, 시나가와, 우에노는 고층 빌딩을 짓기에는 건축 비용이 높았던 것이다(도표 2-17).

최종 빙하기 이후의 기후변화와 나고야의 지형

조몬시대 때의 나고야의 지형에 관해서도 알아보도록 하자.

도표 2-18에 표시한 것처럼 나고야역은 저지대인 충적평야에 있기 때문에 플랫폼이 고가로 형성되어 있다. 그곳의 '중앙서선'은 홍적대지인 아쓰타대지를 횡단한다. 전철은 그곳을 횡단할 때 움푹 깎여진 길 안을 달리기 때문에 건물이나 사람이 위쪽으로 보인다. 가나야마역 플랫폼도 지하에 내려와 있어 수로의 안쪽에 위치하고 있다. 가나야마역을 나와 조금 나아가면 야마자키강이 만든 충적저지대가 나온다. 그곳에서 조금 더 가면 홍적대지인 오오조네역 단구를 횡단하고 더 나아가면 아쓰타대지를 횡단하는데 그곳 지쿠사역도 지하의 수로 안에 있다. 그리고 쇼나이庄內강이 만든 충적평야로 나와 오오조네에 도착하게 된다.

아쓰타대지는 지금부터 1만 년~5만 년 전에 생겼다고 알려져 있으며 주변의 충적평야보다 6~10미터가량 높다. 그렇기 때문에 나고야성은 주변을 바라볼 수 있는 아쓰타대지의 북서쪽에 건설되었다. 조몬시대에 해수면이 상승하여 육지의 안쪽까지 바다가 침입하는 것을 '조몬해진繩文海進'이라고 하는데 조몬해진의 전성기 때에는 바다가 나고야성이 있는 장소의 북쪽을 두르고 있어서 오오조네 부근까지 바다가 들어와 있었다. 그 때문에 오오조네 부근에 있는 긴죠학원 중학교가 있는 장소에는 조몬 중기의 조큐지 조개무덤이 있고 바지락이나 굴, 시오후키바지락의 개량 조개 등의 조개껍질이 퇴적되어 있다(이세키, 1994).

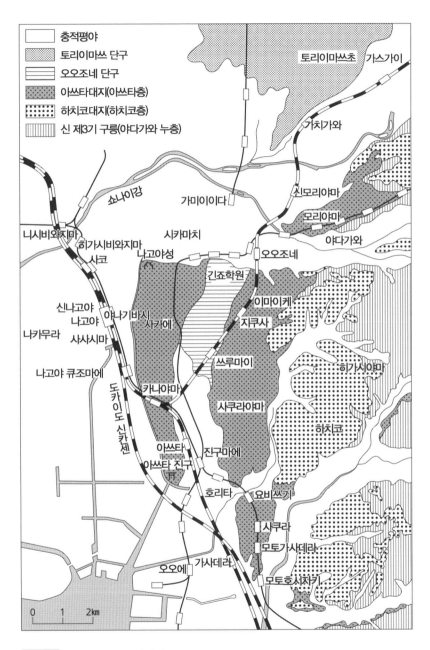

충적평야

토리이마쓰 단구

오오조네 단구

아쓰타대지(아쓰타층)

하치코대지(하치코층)

신 제3기 구릉(야다가와 누층)

토리이마쓰초   가스가이

가치가와

신모리야마

쇼나이강   가미이이다   모리야마

야다가와

니시비와지마   시카마치

히가시비와지마   나고야성   오오조네

사코   긴죠학원

이마이케

신나고야   야나기바시   지쿠사
나고야   사카에

나카무라   사사시마   쓰루마이   히가시야마

나고야 큐조마에   카나야마   사쿠라야마   하치코

도카이도신칸센

아쓰타   진구마에

아쓰타 진구   호리타   요비쓰키

마에   사쿠라

오오에   가사데라   모토가사데라

0   1   2km   모토호시자키

도표 2-18 나고야시 성의 지질 개략도(이세키, 1994)

아쓰타 부근 아쓰타대지의 서측에 있는 절벽은 6,000~5,000년 전의 조몬해진 당시 파도의 침식으로 만들어진 해식애海蝕崖, sea cliff, 파도의 격한 침식작용에 의해 생긴 낭떠러지다. 6세기경 아쓰타 신궁이 창건된 그곳은 해안이었으며 고분시대 후반인 5세기 중간부터 왕성해지기 시작한 해상 루트의 개발에 의해 이세만伊勢湾의 제일 깊숙한 곳을 차지한 이곳의 중요성이 높아지게 되었다.

최종 빙하기 이후의 기후변화와 오사카의 지형

동일하게 오사카의 지형을 살펴보면 도표 2-19와 같이 나타낼 수 있다.

나루세(成瀬, 1985)에 따른 오사카평야의 성립을 설명하면 다음과 같다.

해발 5미터 선은 6,000년 전의 해안선과 거의 일치하며 해발 5미터 이하의 지역은 6,000년 이후(조몬해진 이후인 해퇴기)에 요도가와, 야마토강, 이나강, 무코강 등이 삼각주를 만들며 내만內湾을 매립시켜 만든 저지대에 해당한다. 이 저지대는 우에마치에서 북으로 길게 이어진 사주(砂州, 덴마사주)에 의해 두 개로 나눠진다. 동쪽의 반은 가와치평야(河内平野, 동오사카평야)로, 조몬해진 이후에 덴마사주에 의해 구획되면서 생긴 커다란 석호潟湖, 육지 주위의 바다인 외양과 분리되어 생긴 얕은 호수가 요도가와나 구야마토강의 퇴적물 때문에 매립된 장소다. 이곳은 근세까지는 연못이나 늪과 못이 많은 습지대였다.

서쪽의 반은 오사카·무코해안 저지대라 불리며 일찍이 해안선(5미터선)의 북측에 접해 있고 이타미대지나 이케다 도요나카대지가 있어 대지 남쪽 가장자리의 일부에는 조몬해진 때의 파도로 깎인 해식애를 볼 수 있다. 오사카해안 저지대는 14세기 이후에 생성된 새로운 삼각주평야로, 덴마사주를 가로질러 오사카만으로 흘러들어간 요도가와가 만들어낸 것이다. 해발 5미터 이상의 충적평야의 주요 하천을 따라가면 자연제방과 배후습지로 된 자연제방지대(범람원)가 존재한다.

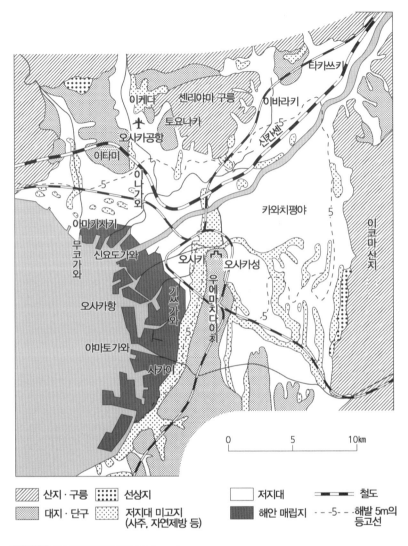

도표 2-19 오사카평야의 지형(나루세, 1985)

지도 범례:

산지·구릉	선상지
대지·단구	저지대 미고지 (사주, 자연제방 등)

저지대	철도
해안 매립지	- - -5- - - 해발 5m의 등고선

지도 내 지명: 타카쓰키, 이케다, 센리야마 구릉, 이바라키, 토요나카, 신요도, 오사카공항, 이타미, 이나가와, 카와치평야, 이코마산지, 아마가사키, 무코가와, 신요도가와, 오사카, 오사카성, 기쓰가와, 우에마치다이치, 오사카항, 야마토가와, 사카이

0　　　　　5　　　　　10km

　　조금 더 시대를 자세하게 들여다보면, 약 9,000년 전 현재의 오사카 만안 근처에 있던 해안선은 2,000년 후 20킬로미터 이상 내륙에 있는 다카쓰키에서 이코마산록까지 달했고, 가와치평야는 하나의 커다란 내만(가와치만)

이 되었다. 그 증거로서 가와치평야 중앙부의 맛타 모로구치나 가도마미쓰시마에서 6,000년 전의 내만성인 조개나 고래의 뼈가 출토된 것을 들 수 있다. 6,000년 전부터 해수면은 점차 저하되었고 해안선은 전진해 나아갔다. 6,000년 전부터 우에마치대지의 서측 해안에서는 해식애가 생겨 깎인 토사가 대지의 북쪽 산기슭의 파식대침식작용에 의해 해면 부근의 해저에 생긴 평탄한 암초 위에 사주를 만들었다. 그리고 사주는 5,000~4,000년 전 순서대로 북쪽 방향으로 이어지며 가와치만의 출구를 좁혀갔다. 만의 북동쪽 구석에서는 요도가와가 초시죠삼각주鳥趾狀三角州, 새의 발처럼 갈라진 지형의 삼각주를 만들어 전진했고 옛 야마토강의 삼각주도 남동에서 이어지면서 가와치만이 축소하게 되었다.

3,000~2,000년 전에는 덴마사주와 요도가와, 구야마토삼각주의 발달에 의해 가와치만은 수역이 좁아졌고, 그와 동시에 만의 안쪽 부분에 담수역湛水域이 생기면서 석호潟湖, lagoon가 되었다. 그 증거로 이코마산록의 구사카 귀족의 조개 무덤이 거의 담수지역인 세타시지미(세타강에서 채취한 바지락 종류)인 것을 들 수가 있다(나루세, 1985).

1,800~1,600년 전 요도가와삼각주 선단은 덴마사주에 접근하였고 가와치만은 거의 완전하게 담수호가 되었다. 그 증거로서 덴마에 가까운 모리노미야지역의 유적 등에 세타시지미 등의 담수조개가 출토되고 있는 것을 들 수 있다. 가와치호수는 더욱 축소되어 중세에는 북동쪽의 후코노 연못, 남서쪽은 신카이 연못이라는 두 개의 커다란 연못이 되었다. 신카이 연못은 에도시대에 행해진 야마토강의 교체 공사와 신전 개발에 의해 소멸되었다. 현재 가와치만의 자취가 남아 있는 곳은 가도마시의 벤텐 연못과 다이토시에 있는 후코노 연못뿐이다.

1,600년 전 사주와 닿은 부분이 자연스레 끊기면서 호수는 사주를 횡단

하여 직접 오사카만으로 흘러 들어오게 되었다. 이 절단된 장소는 그 후에 인공적으로 파내어져 요도가와의 주된 줄기가 되었다. 2,000년 정도 전부터 오사카만의 연안에는 아마가사키부터 오사카 남부에 걸쳐 바닷속 연해사주가 형성되었고, 그 후 14~17세기경에는 해퇴에 의해 평야의 일부가 되었다. 그 이후에는 연해사주의 바깥쪽에 하천의 삼각주가 발달되었고, 선착장인 도톤보리에서 서쪽의 오사카 저지대나 무코 저지대가 이수離水, emergence, 상대적으로 해면이 내려가고 땅이 올라가서 육지가 넓어지는 현상되었다. 에도시대에는 간척에 의해 해안선이 더욱 전진하였고 현재의 오사카평야가 성립된 것이다(나루세, 1985).

우에마치 대지의 북단에는 도요토미 히데요시에 의해 오사카성이 건축되면서 곧바로 북쪽의 대지 밑에 요도가와의 주된 줄기가 흘러 천연의 요충지가 되었다. 오사카성이 있는 곳 바로 남쪽에는 645년 다이카 개신에 의해 우에마치대지에 새로운 왕궁이나 정치기관이 옮겨졌으며, 수도의 기능을 집중시킨 나니와노미야가 건설되었다. 또 덴노지(천왕사) 부근의 우에마치 대지 서측에 조몬해진 당시 오사카만의 파도에 의해 깎여서 생긴 해식애를 볼 수 있다. 그곳에는 덴노지 나나사카(천왕사 7언덕)라 불리는 7개의 언덕이 있으며(사진 2-14) 언덕 위에서 해식애 아래쪽에 집과 상점이 즐비하게 늘어서 있는 것을 바라볼 수 있다(사진 2-15).

평상시의 뉴스와 사건, 그리고 빙하시대의 지형

도쿄, 나고야, 오사카의 현재 지형과 빙하시대의 관계에 대해 조금 다른 방식으로 설명해보겠다.

평상시 신문이나 TV 뉴스를 보다 보면 가끔 빙하시대가 만든 지형의 높낮이를 상기하게 될 때가 있다. 예를 들면, 카메라 기능을 가진 휴대전화의

사진 2-14 우에마치대지에는 조몬해진 당시의 해식애인 일곱 개의 언덕이 있다.

보급과 함께 최근 들어 자주 보도되는 것 중 하나가 여성의 스커트 속을 도촬盜撮하는 사건이다. 그 사건이 어디에서 일어났는지를 보면 대부분이 홍적대지 때문에 좁아진 충적저지, 예를 들면 도요코선에서는 시부야역(현재는 지하), 나카메구로역, 도립대학역에 집중되어 있는 것을 알 수 있다. 예전에 도촬로 인해 체포되었던 연예인이 있었는데, 그가 잡혔던 곳도 도립대학역이었다. 그 역은 개찰구에서 플랫폼까지 긴 계단을 올라야 하므로 범인들이 개찰 전에 대상을 물색하고 그 긴 계단을 이용하여 도촬하는 것이다. 여자들은 홍적대지 때문에 좁아진 충적저지인 전철역에서는 주의를 기울일 필요가 있다.

일반적으로 홍적대지는 '야마노테', 충적평야는 '시타마치'라고 부른다. 예로부터 인간은 물과의 접근이 좋은 저지대의 충적평야에서 살기 시작했다. 도쿄에서는 에도구나 다이토구, 우에노나 아사쿠사 쪽이 이에 해당한다.

사진 2-15 기요미즈사카 위의 신기요미즈테라에서 본 대지애 밑의 거리

그 때문에 충적평야인 '시타마치'는 오래전부터 개발이 진행되었고 현재에
도 주택가가 밀집된 곳이 많다.

한편, '야마노테'인 홍적대지는 물을 얻는 것이 어렵기 때문에 최근에 개
발되었다. 하지만 근대에 들어서 상하수도가 정비된 홍적대지는 지반이 강
해 지진의 영향이 적고, 높은 지대이므로 홍수의 영향도 잘 받지 않는다. 개
발된 시기도 오래되지 않았기 때문에 부지가 넓고 녹지가 남아 있는 조용한
주택지가 형성되어 있다. 메구로구나 세타가야구 등 무사시노대지는 이렇
게 '야마노테'의 고급 주택지가 되었다.

이렇게 야마노테선과 도요코선에 타는 것만으로도, 빙하시대와 그 후의
습난화에 의해 형성된 지형이 현재 우리들의 생활에 큰 영향을 주고 있다는
것을 알 수 있다.

제3장

1,000년간의
기후변동
— 한랭화와 자연의 변화

나는 1997년, 케냐산의 고도 4,600미터에 있는

빙하에서 표범의 유해를 발견했다. 그리고 그 표범의 연대는

1,000~900년 전의 것이라는 사실이 판명되었다.

현재는 빙하 부근에 표범이 살고 있지 않은데

어떻게 1,000년 전에는 그렇게 높은 곳에서 많은 표범들이 살았던 것일까?

1,000년간의 기후변동과 세계의 역사

과거 1,000년간의 기후변동은 도표 3-1과 같다.

게르만 민족은 추웠던 4세기 때 따뜻한 바다 쪽으로 대이동을 하였고, 따뜻했던 8~11세기에는 북유럽에서부터 그린란드까지 바이킹이 활약했다. 그렇게 따뜻한 시대 때 일본에서는 헤이안 왕조가 길게 이어지고 있었다. 하지만 가마쿠라시대 이후 한랭화가 계속되면서 정권은 오래가지 못했다.

추운 기후였던 13세기에는 칭기즈칸이 이끄는 몽골족의 기세가 유럽까지 확대되었다. 그때 몽골족이 아시아에서 유럽까지 대이동을 한 것은 세계의 식생대에 커다란 영향을 주었다.

이 시대는 아시아에서 헝가리 부근까지 초원, 즉 스텝이 이어져 있었다(도표 3-2). 기마민족인 몽골족은 그 초원을 통하여 유럽까지 갈 수 있었다. 초원이 중간에 끊어져 삼림지대가 보존되어 있었다면 몽골족이 유럽까지 원정을 가는 일은 아마 없었을 것이다. 몽골족이 원정을 갔던 부근에 있는 곳이 현재의 헝가리다.

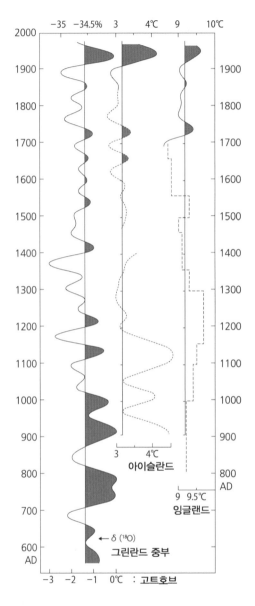

도표 3-1 그린란드, 아일랜드, 잉글랜드의 기온 변화
(그린란드는 고드름 중심부의 농도 변화)
(Dansgaard et. al.,1975)

14세기가 되면서 소빙하기가 시작되었고 소빙하기는 19세기까지 이어졌다. 16~17세기의 유럽에서는 난로에 넣어 태울 장작이 부족해 양털로 된 겉옷을 난로에서 충분히 건조시킬 수 없었다. 때문에 벼룩이 번식해서 유럽에 흑사병이 퍼졌다. 추위와 식량난으로 기아와 흑사병의 공포에 떨던 사람들은 그것을 악마가 저지른 일이라고 생각하면서 맹렬한 마녀사냥이 일어나게 되었다.

18~19세기의 에도 시대는 추운 시대였다. 그 때문에 호레키(1751~1763년), 덴메이(1781년~1789년), 덴포(1830년~1843년)의 대기근이 일어났다. 소빙하기 중 특별히 추웠던 기간은

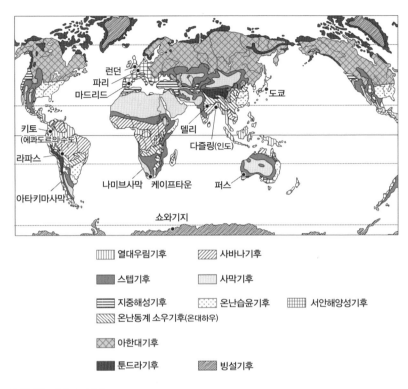

열대우림기후
사바나기후
스텝기후
사막기후
지중해성기후
온난습윤기후
서안해양성기후
온난동계 소우기후(온대하우)
아한대기후
툰드라기후
빙설기후

런던
파리
마드리드
도쿄
키토
(에콰도르의 수도)
델리
라파스
다즐링(인도)
나미브사막 케이프타운 퍼스
아타카마사막
쇼와기지

도표 3-2 세계의 기후구

19세기이며 나폴레옹의 군대가 모스크바에서 패퇴하여 퇴각한 1812년 12월은 특히나 추웠다. 이 시기에 일본은 스와대사(저명한 신사)에 남아 있는 스와 호수의 '오미와타리겨울에 호수 표면이 얼어 빙판이 크게 갈라지는 현상'의 기록을 통해 1812년 12월 26일에 스와 호수의 전면이 결빙되었다는 것을 확인할 수 있다(야스다, 1995).

케냐산 빙하의 축소와 표범의 유해 발견

이번에는 최근 1,000년간의 기후변동과 환경의 천이에 대해 시간의 척도를 나누어 살펴보도록 하자.

나는 1992년부터 케냐산 제2의 빙하인 틴달 빙하에서 빙하의 후퇴와 식물의 천이에 관한 연구를 실행했다. 1997년 틴달 빙하를 조사하던 중 빙하에서 표범의 유해를 발견했다(사진 3-1). 그 유해는 가죽이나 수염 등이 그대로 있는 상태였다. 그 표범의 뼈나 가죽의 일부를 방사성탄소연대측정법을 통해 연대 측정한 결과, 1,000~900년 정도 전의 것이라는 것이 판명됐다(미즈마치 · 나카무라, 1999). 이 연대는 그때까지 세계적으로 온난했던 시대에서 한랭기로 변해가는 시대와 정확하게 일치한다. 이후 11세기부터 19세기까지는 한랭기가 계속되고 20세기에 들어오면서 급속하게 온난화가 진행되었다.

그러므로 표범의 유해가 발견됐다는 것은 아프리카에서도 같은 양상의 기후변동이 있었다는 것을 뒷받침한다.

그때의 일본은 헤이안시대 말기에 해당되며 비교적 따뜻한 시대였다. 그 후 19세기까지는 추운 계절이 계속되던 시대였고(도표 3-1) 표범은 계속 얼음 안에서 잠들어 있었던 것이다.

하지만 20세기 이후 온난화에 의해 빙하가 녹으며 1997년에 얼음 안의 표범이 나오게 되었다. 1,000년에 걸쳐 잠들어 있던 표범을 깨운 것은 바로 온난화였다.

아프리카에는 킬리만자로산, 케냐산, 루웬조리산에만 빙하가 있는데 하얗게 빛나는 산 정상은 '누가예 누가이(신의 집)'라고 하여 신앙의 대상으로 여겨왔다. 하지만 그 후 10~20년이 지나 그 산 정상에 있던 빙하도 소멸되고 있다.

사진 3-1 1997년 8월 틴달 빙하에서 발견된 표범의 유해. 표범의 무늬와 수염도 일부 남아 있다.

1,000년간의 기후변동과 아프리카의 자연 변화

1,000년 전부터 현재까지 아프리카의 기후는 어떻게 변화되어 왔을까?

서기 900년경은 아프리카의 많은 지역이 따뜻했고, 비가 많이 내렸던 서기 700년과 1,200년 사이의 옛 가나 왕국(현재의 남동 모리타니)은 건조한 지역으로서 번영할 수 있었다(Buckle, 1996: 미즈노, 2008).

16~18세기가 되면서 습온한 기후의 시대가 찾아왔고, 사헬지대는 두 번의 커다란 건조기(최초는 1680년대, 두 번째가 1740년대와 1750년대)를 제외하면 강수량이 많은 시대였다. 이런 습윤한 기후의 시기는 나이지리아 북부의 하우사 왕국이나 말리 북부의 송가이 제국 등 사헬지대에 강대한 국가가 존속했던 시기와 거의 일치한다(가도무라, 1991). 그때 차드 호수의 수위는 현재보다도 4~7미터가량 높았고 1780년대와 1790년대에는 지금은 건조한 지역인 수단의 바르 엘 가잘강을 따라 물이 충분하게 흐르고 있었다. 그렇기

에 상류 보르쿠지역까지 배가 다녔다. 더군다나 지금은 건조한 삼림지대인 서쪽의 남부 모리타니에도 충분한 강수가 있었다.

이처럼 적어도 1850년대까지인 19세기 전반에는 적도지대나 기니만 연안이 습윤한 지역이었다. 그렇지만 대부분의 지역은 몇 번의 심한 가뭄으로 인해 건조해졌다. 이런 건조기는 1860년대까지 계속되었지만 그 후 1900년 즈음까지는 대륙이 습윤한 상태로 변했다. 1880년대에는 나일강, 니젤강, 세네갈강의 모든 유출량이 증가되었고, 특히 니젤강의 내륙 삼각주에는 큰 홍수가 찾아왔다. 또한 남쪽의 우가미 호수(보츠와나)에서 북쪽의 차드 호수까지 많은 호수의 수위가 상승했다(Buckle, 1996).

확대되고 있는 나미브사막의 사구

도표 3-1을 보면 알 수 있듯이 20세기 이후는 대체로 온난한 기후였음을 확인할 수 있다. 그런데 최근에는 아프리카의 건조화가 문제되고 있다. 그 건조화의 원인으로는 자연의 변화와 인위적 요인, 이 두 가지의 영향을 생각해볼 수 있다. 자연의 변화를 예로 들자면, 열대수렴대의 북상, 혹은 남하가 진행되지 않아 가물어지는 현상이 일어나는 것이다. 또 인위적인 영향으로는 인구 증가에 따른 식생의 파괴, 과도한 방목 등을 예로 들 수 있다.

나미비아를 보면, 현재 건조화 현상은 심각한 문제가 되고 있다. 나미비아의 수도 빈트후크에서 1950년부터 2000년에 걸쳐 이루어진 관측 데이터에 의하면, 연평균 0.023도의 비율로 기온이 상승하고 있다(Ministry of Environmental and Tourism, Republic of Namibia, 2002).

일반적으로 현재의 기온이 높은 장소일수록 기온 상승에 대한 가능 증발량충분하게 물을 공급했을 때 지표에서 발생 가능한 증발량의 증가량이 큰 만큼, 기온과 일사량이 높은 곳은 온난화의 결과로 인한 가능 증발량이 증가하게 된다. 나미비아도 그런 장소 중 하나다.

또 1915년부터 1997년까지 나미비아 전토지의 관측점에서 측정한 평균 강수량은 272밀리리터이지만, 1981년부터 1996년까지 16년간 이 평균치를 넘었던 것은 겨우 2년뿐이었다.

하지만 나미비아가 건조하게 된 요인을 이해하기 위해서는 위의 이유만으로는 충분치 않다. 가장 긴 시간의 단위로 이 지역의 기후변동과 그 변화에 동반되는 환경의 변화에 대해 생각해봐야 한다.

나미브사막의 모래와 자갈로 이루어진 사막과 사구지대의 경계를 흐르는 계절하천(와디Wadi, 마른 강)인 쿠이세브강 중·하류에는 평소에도 물이 흐르지 않고 홍수 시에만 드물게 물이 흐르는 것을 볼 수 있다.

현재에도 쿠이세브강 유역의 이곳저곳에서 사구 안에 파묻힌 수목들을 볼 수 있다. 최근 들어 생긴 건조화와 함께 사구가 확대되었는데, 일찍이 수목지대였던 이곳이 확대된 사구에 포함된 결과인 것일까? 혹시 그런 이유라면 언제 어떻게 사구에 묻혀 말라죽게 된 것일까?

이런 의문을 해명하기 위해 과거의 기후변동이 어떤 방식으로 쿠이세브강 유역의 지형 발달이나 식생에 영향을 주었는지 해석해봤다.

나미브사막의 아카시아는 언제 고사한 것일까?

나미브사막은 나미비아의 서안에 퍼져 있으며 대서양을 접하고 있다. 앞서 말했듯이 나미브사막은 적어도 과거 8,000만 년 동안은 건조함과 반건조함의 사이를 거쳐 변화되어 왔다고 추측된다. 나미브사막은 연 강수량이 50밀리리터에도 미치지 않는 곳이다. 나미비아의 연안지방에는 강한 남서풍이 불고 그 바람이 연안을 흐르는 한류와 벵겔라 해류의 냉기를 내륙으로 옮긴다. 그리고 난기층의 밑에 냉기층을 갖고 와 대기에 역전층을 생성시킨다. 이 역전층이 대기의 교란을 감소시켜 해안부의 사막을 형성시킨다.

　내가 실시한 조사는 쿠이세브강 유역에 위치한 고바베브 주변에서 이루어졌다(도표 3-3, 사진 3-2). 고바베브는 연평균 강수량이 붊과 27밀리리터이지만 안개에 의한 강수량은 31밀리리터가 넘는다(사진 3-3)(Lancaster et. al., 1984). 쿠이세브강을 횡단하는 지형 단면도(도표 3-4)를 만들어보면 도표의 세로축(종축) 고도의 0미터 부근과 약 2미터 혹은 10미터 이상 부근에 평단면이 분포되어 있는 것을 알 수 있다. 각각 고도 0미터의 단구면을 저위단구, 고도 2미터의 면을 중위단구, 고도 10미터 이상의 면을 고위단구로 정했다. 각 단구면 위에는 동그란 원력圓礫, round gravel이나 실트질모래와 점토의 중간거칠기을 포함한 하성퇴적물河成堆積物임이 밝혀졌고(사진 3-4) 그곳이 예전에는 강의 바닥 부분이었던 것을 알 수 있다.

　고위단구는 나미브사막에 넓게 발달된 침식면과 이어져 있다. 고위단구

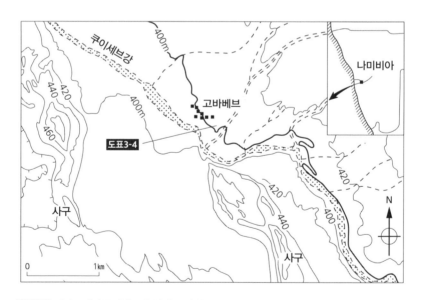

도표 3-3 나미브사막 쿠이세브 유역의 조사지

사진 3-2 나미브사막, 고바베브 주변 사구와 쿠이세브강

가 형성된 연대는 지금까지 이루어진 연구에 따르면 수백만 년 전까지 거슬러 올라간다고 추측된다.

중위단구의 퇴적물 표층에는 칼크리트가 형성되어 있다(사진 3-5). 칼크리트는 토양 안의 수분이 증발되어 탄산칼슘이 집적되면서 형성된 염류피각이다. 이 칼크리트는 방사성탄소(14C)의 연대 측정으로 5300±60년 BP 및 6740±50년BP라는 연대치를 알아냈다. 여기서 BP란 1950년을 기점으로 거기에서부터 몇 년 전인가를 나타낸 연대다. 이런 결과를 통해 7,000~5,000년 전에는 중위단구가 예전부터 강의 바닥 부근에 위치했었으며, 지하까지의 수면이 얕기 때문에 모세관현상으로 지하수가 상승되고 다시 지표에서 증발하면서 칼크리트가 형성되었다고 예측할 수 있다.

아프리카의 홀로세 초기인 온난화기(9,000~8,000년 전)와 중기의 고온기 (7,000~5,000년 전)는 대습윤기라고 할 수 있다. 사하라의 깊숙한 지역까지

사진 3-3 고바베브의 아침에 발생하는 안개

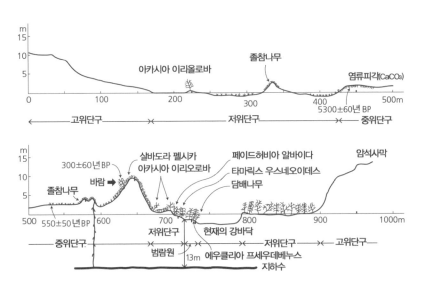

도표 3-4 트란섹트(도표 3-3)에 따른 지형 단면과 식생(미즈노 · 야마가타, 2003; 2005)

사진 3-4 쿠이세브강에 형성된 중위단구의 지표를 뒤덮은 원력. 유수에 의해 자갈이 동그랗게 변했을 것이라 예상되어 오래전부터 강바닥에 있었던 것으로 추측된다.

사진 3-5 중위단구 위의 칼크리트($CaCO_3$)

많은 양의 비가 내렸고 사막은 많은 지역이 사바나 혹은 스텝에 덮여 녹색 사막이 되었다. 지금은 바싹 말라붙어 있는 강에도 항상 물이 흐르고 있었으며 사막의 한가운데에도 차드 호수를 시작으로 많은 호수가 생성되었을 것이라 추측된다(카도무라, 1992).

현재 강바닥을 흐르고 있는 저위단구면의 지하에는 지표로부터 약 13미터 깊이에 지하수가 존재하며, 아카시아 이리올로바acacia erioloba나 파이드허비아 알바이다faidherbia albida, 타마릭스 유스네오이데스tamarix usneoides, 에우클리아 프세우데베누스Euclea pseudebenus 등의 고목高木으로 이루어진 수림지대가 형성되어 있다.

강바닥 서쪽에 있는 사구는 저위단구와 중위단구의 경계에 위치하고 있다. 강의 유로를 따라 불어오는 남서풍에 의해 날아온 모래는 강바닥 서쪽에 분포하고 있는 수림지대로 인해 막혀버렸고, 그 모래가 계속 축적되면서 커져 현재의 높이인 10미터가량의 사구가 형성되었다고 생각된다(사진 3-6). 그 크기는 그곳에 묻혀 있는 수목의 지표면 밑부분이 10미터 이상이라는 사실을 통해 추정할 수 있다.

고바베브 주변 모래의 이동 방향은 북에서 북동 방향이며, 그 이동 속도는 30~180센티미터/년으로 기록되어 있다(Ward and Brunn, 1985). 나도 2002년 11월 29일에 사구의 선단 부분에 폴pole을 세워놓고 모니터링을 다녀왔던 적이 있었다. 2003년 3월 1일에는 폴이 전혀 묻혀 있지 않았지만, 8월 10일에는 폴이 깊이 60센티미터까지 묻혀 있었고 사구는 100센티미터가량 전진해 있었다. 더군다나 11월 30일에는 깊이 70센티미터까지 묻혀 있었고 사구는 처음보다 145센티미터가량 이동했음을 알 수 있었다. 결국 사구는 계속적으로 이동하는 것이 아니라 돌발적으로 이동한다는 것을 알 수 있으며, 그 이동 속도는 관측 연도에 한에서는 145센티미터/년이었다.

아카시아 고목은 퇴적해가는 모래에 쌓여 고사되어 있었다(사진 3-7). 이 아카시아가 고사한 연대는 방사성탄소(14C)의 연대 측정에 의해 300 ± 60년BP로 판명되었다. 즉, 약 400년 전 사구가 형성되기 시작했다고 생각할 수 있다. 모래에 파묻힌 수목이 고사하게 되는 이유에 대해서는 확실히 판명되지 않았지만, 예를 들면 공중에서 뿌리에 대한 탄소 공급이 감소하여 고사된 경우를 유추할 수 있다. 혹은 지표 부근의 안개로 인해 수분이 공급되지 않았거나, 지표에 퇴적된 마른 잎 등에 의해 양분이 뿌리 쪽까지 공급되지 않았던 것일 수도 있다.

그리고 중위단구면에는 비슷한 흙더미 두 개가 줄지어 있다. 하나는 현재 졸참나무에 덮여 있고, 또 하나는 완전하게 고사된 아카시아가 탄화된 상태로 매몰되어 있다. 이는 중위단구면이 강바닥에 있던 시대 이후인 습윤기에는 아카시아 등의 수림이 현재보다 넓은 범위에 생육하고 있었고 그 후의 건조화로 인해 고사되었다고 추측된다.

이렇게 고사된 아카시아는 방사성탄소(14C)의 연대 측정에 의해 550 ± 50년BP임을 알게 되었다. 약 600년 전의 이곳은 아카시아가 많이 생육했던 습윤한 기후였을 가능성을 예측할 수 있는 것이다.

현재 사구를 뒤덮고 있는 살바도라가 생육하고 있는 장소를 파보면 땅속 깊이 줄기가 늘어서 있다(사진 3-8, 3-9). 이런 모습을 통해 살바도라라는 식물이 모래에 덮여지면서도 계속 위쪽을 향해 줄기를 뻗치며 생육하는 식물임을 알 수 있다. 그리고 지표를 덮고 있는 덤불에 날아오는 모래가 걸려 쌓이면서 사구를 형성시켰음을 예측할 수 있다.

졸참나무는 쿠이세브강 유역의 사람들에게 있어서 중요한 식물 중 하나다. 조사 지역에는 저위에서 중위인 단구면 위에 졸참나무의 덤불이 덮고 있는 작은 흙더미(높이 1~3미터, 직경 10미터 정도)가 여기저기 흩어져 있었다

사진 3-6 쿠이세브강을 따라 형성된 수림대에 막혀 날아든 모래와 그 모래에 덮여 묻혀버린 아카시아 숲(1)

사진 3-7 쿠이세브강을 따라 형성된 수림대에 막혀 날아든 모래와 그 모래에 덮여 묻혀버린 아카시아 숲(2)

사진 3-8 사구를 덮은 살바도라의 덤불

사진 3-9 살바도라의 생육지인 토양 단면. 덤불에 걸린 모래가 퇴적함에 따라 위 사진처럼 자라 나는 뿌리가 목질화木質化, 식물의 세포벽이 리그닌을 축적하여 딱딱해짐되어 길게 뻗어간다.

사진 3-10 졸참나무의 덤불

사진 3-11 졸참나무 생육지인 토양단면. 덤불에 걸린 모래가 퇴적함에 따라 위 사진처럼 자라나
는 뿌리가 목질화되어 길게 뻗어간다.

(사진 3-10). 졸참나무는 깊이 15미터 이상까지도 뿌리를 내릴 수 있다고 한다. 이 지역의 지하수위가 15미터 정도이므로 이곳에 있는 졸참나무는 지하수에서 수분을 흡수하고 있다는 것을 알 수 있다. 토양단면을 통해 보면 땅속 깊숙한 곳까지 줄기가 묻혀 있는데, 이를 통해 졸참나무도 모래에 파묻혀 있으면서 계속해서 위쪽 방향으로 성장해왔다는 것을 엿볼 수 있다(사진 3-11).

강바닥에서 떨어진 저위단구면상에는 무식생無植生, 혹은 볏과인 스티파그로스티스 사브리콜라stipagrostis sabulicola나 다육성의 왜성저목矮性低木(소저목小低木 · 포복성저목匍匐性低木)인 트리안테마 헤레로엔시스trianthema hereroensis 등 몇 종류의 식물들이 이곳저곳에 넓게 퍼져 있다. 스티파그로스티스 사브리콜라는 지표 밑 1~10센티미터에 수평으로 넓게 퍼져 있고(거리는 20미터에 달한다), 근계根系를 가지고 있기 때문에 쉽게 안개를 섭취할 수 있다. 트리안테마 헤레로엔시스는 잎이나 가지를 통해 안개를 직접 흡수한다(Seely et al., 1998).

토양에 관해 살펴보자. 졸참나무나 살바도라가 생육하고 있는 사질토砂質土는 수분율이 3~4퍼센트밖에 되지 않는다. 그렇기 때문에 깊이 15미터 이상의 지하수까지 뿌리를 내릴 수 있는 졸참나무만이 성장할 수 있는 것이다. 살바도라는 깊이 20센티미터에서 1미터 이상까지 빽빽하게 자라는 얇은 뿌리가 수분을 빠짐없이 흡수한다. 깊이 20~90센티미터인 곳에는 엽적葉積, 落枝, Litter이 10센티미터 정도 퇴적해 있는데, 이 엽적이 퇴적된 시대는 모래가 서서히 이동되었던 때라고 추측된다. 그리고 모래의 이동은 최근 들어 다시 활발해졌다.

한편, 아카시아 등이 생육하고 있는 저위단구의 수목지대는 깊이 100센티미터까지 사질토로 이루어져 있고 수분율은 4~10퍼센트다. 깊이 100센티미터부터 150센티미터 부근에는 부식된 유기물이 섞인 사질토로 이루어져 있고 수분율은 12~35퍼센트다. 이 깊이에는 작은 뿌리가 많기 때문에 이곳에서 수분 흡수가 활발하게 이루어진다고 추측된다.

위 내용을 정리하면 도표 3-5와 같다.

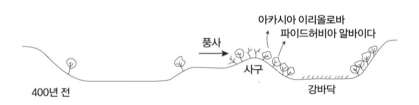

도표 3-5 조사지의 환경 변천과 식생의 천이 (미즈노 · 야마가타, 2003; 2005)

(1) 7,000~5,000년 전에는 현재보다 습윤했고 강바닥이 넓었다. 지하수면도 현재보다 높았다.

(2) 그 후 건조기를 사이에 둔 약 600년 전에는 다시 습윤화가 되어 현재의 저위단구면이 생겼으며 그곳에는 아카시아 등이 자라는 수목지대가 형성되었다. 그 수목지대로 인해 날아 들어오던 모래의 이동이 멈추게 되었다.

(3) 현재는 사구가 확대되었으며 모래에 덮여 있던 아카시아 등의 수목들은 시들게 되었다. 저목低木인 살바도라가 그 사구를 덮었고 날아오는 모래가 쌓이면서 사구는 더욱 확대되었다. 또한 현재의 강바닥 근처인 저위단구면에는 아카시아나 타마릭스 등의 수목지대가 형성되어 있고, 현재의 강바닥 부근의 범람원에는 에우클리아나 꽃담배 등이 분포되어 있다. 거기에 강바닥과 멀리 떨어진 저위단구나 중위단구의 위에는 졸참나무가 자리를 잡고 있고, 저위단구 위에는 무식생 혹은 볏과 등의 초목이 여기저기에 흩어져 있다.

나미브사막에는 데드 블레이Dead vlei라 불리는 '죽음의 계곡'이 있다. 그곳에는 아카시아의 수목이 썩지 않고 그대로 남아 있다(사진 3-12). 이곳은 일찍이 물이 유입되었던 곳이기 때문에 그때 물이 흐르면서 미세한 점토나 실트질입자의 크기가 점토와 모래의 중간을 옮겨 이 와지窪地 부분만 하얗게 변해 있다. 주변에 보이는 붉은 모래는 바람으로 인해 옮겨진 것이다.

이 아카시아의 수목은 지금으로부터 약 900~600년 전인 습윤기에 물이 유입되면서 자라게 되었다고 생각된다. 그 당시는 생물이 자라기에는 혹독한 환경이었기 때문에 미생물의 활동도 활발하지 않았고 그래서 지금까지 수목이 썩지 않고 남아 있는 것이다. 하지만 긴 세월 강한 햇빛으로 인해 나무의 껍질 부분은 까맣게 타 있다.

이야기를 덧붙이자면, 나는 이전에 TV 촬영팀과 동행하여 이 '죽음의 계

사진 3-12 나미브사막의 '죽음의 계곡', 데드 블레이. 900∼600년 전에 생육하던 아카시아의 수목이 썩지 않은 채 그대로 남아 있다.

곡'을 방문한 적이 있다. 촬영팀이 촬영을 하고 있는 동안 나도 이곳에 머물러 있었는데, 강한 햇볕을 장시간 쬐다 보니 태어나서 처음으로 일사병에 걸리게 되었다. 다리에 쥐가 나면서 마치 수영을 하다가 다리에 경련이 온 것 같은 증상이 나타났었다.

나미브사막에 1,000년 이상 살았던 웰위치아(기상천외)

일본에서는 기상천외라고 불리는 고유종 웰위치아Welwitschia mirabilis는 앙골라 연안에서 나미브사막에 걸쳐 생육하고 있다. 웰위치아는 웰위치아과 웰위치아속으로 1과 1속 1종인 겉씨식물이다. 두 장의 잎을 가지고 있는데 보통은 바람으로 인해 그 잎이 리본 모양으로 갈라져 있어서 몇 장의 얇은 잎은 지면에 가로로 길게 뻗어 있는 것처럼 보인다.

웰위치아의 수포기(웅주雄株)는 풍부한 화분을 가진 붉은색 원뿔 모양의 생식기관(웅화雄花)을 가지고 있다(사진 3-13). 암포기(자주雌株)는 청록색의 비교적 커다란 구과(자화)를 가지고 있으며 구과에는 화분을 잡기 쉽도록 끈적이는 액체가 분비된다(사진 3-14). 화분은 곤충이나 바람에 의해 퍼지게 되고, 특히 노린재 한 종류가 그 역할을 맡고 있다. 종자는 두 장의 날개를 가지고 있고 바람에 의해 산포散布된다.

웰위치아는 소나무나 소철과 같이 구과를 가진 겉씨식물에 속하지만, 개화하는 속씨식물의 특징도 갖고 있기 때문에 겉씨식물과 속씨식물 양쪽을 이어주는 식물이라고 생각할 수 있다. 나미브사막과 같이 건조한 지역에 생육하지만 코르크질의 줄기(사진 3-14 참조)가 수분 저장에 중요한 역할을 하고 30미터 이상까지 뿌리를 내리고 있어서 지하수까지 도달시킬 수 있다고 한다. 웰위치아는 1,000년 이상 오랫동안 살았다고 알려져 있다. 이러한 건조한 지역에서는 발아를 할 기회가 적기 때문에 종의 보존을 위해 장수할 수밖에 없었다고 추측된다. 만약 장수하지 않았다면 멸종해버리고 말았을 것이다.

나미비아에서는 특히 대서양 연안에서 내륙으로 이어진 도로를 따라가다 보면 웰위치아를 잘 관찰할 수 있다. 그곳은 약 1억 2,800만 년 전, 곤드와나 대륙이 아프리카와 남아메리카 대륙으로 나뉘어져 있었던 당시 그 갈라진 대지의 틈에서 분출된 현무암인 마그마에 덮여졌다. 그 현무암이 분출한 철분 피막이 산화하여 검붉게 된 자갈들이 넓게 퍼져 있는 것이다. 그런 빨간 모래사막에서 녹색의 긴 잎을 지표에 펼치고 있는 웰위치아가 여기저기에 퍼져 있는 광경은 마치 2차원에 온 것처럼 신기함을 자아낸다(사진 3-15).

사진 3-13 나미브사막의 고유종인 웰위치아(기상천외)의 웅주. 웰위치아는 1,000년 이상의 오랜 시간 동안 살아남았다고 알려져 있다.

사진 3-14 웰위치아의 웅화. 줄기가 코르크질로 되어 있기 때문에 수분을 보유할 수 있다.

사진 3-15 검붉은 모래사막에 퍼져 있는 웰위치아. 약 1억 2,800만 년 전 아프리카와 남미 대
륙이 갈라져 있었던 때 대지의 갈라진 부분에서 현무암의 마그마가 분출했다. 그
현무암의 자갈은 긴 세월이 지나는 동안 철분의 피막이 산화되어 빨간 모래사막을
만들었다.

제4장

100년간의
기후변동

– 온난화로 인한 빙하의 축소와 식생의 변화

1992년과 2009년의 킬리만자로산 정상의 빙하를 비교해보면,

불과 17년 사이에 많이 축소된 것을 알 수 있다.

이렇게 빙하가 축소되면 주변 생태계에 어떤 영향을 끼치게 될까?

1.
빙하의 축소와
식생의 천이

극적인 변화를 마친 아프리카

요즘 들어 인위적인 영향에 따른 기후의 변동이 문제되고 있다. 화석연료 소비 증가로 인한 이산화탄소의 증대나 그 이산화탄소를 흡수하는 삼림의 감소가 '온실효과'로 이어졌다. 요즘 대두되고 있는 문제인 급속한 온난화를 초래하게 된 것이다.

아프리카에서는 취사나 난방을 위해 장작을 사용하는 경우가 많기 때문에 삼림이 심각하게 파괴되었다. 급격히 증가하는 인구에 비례하여 장작의 사용량도 급증해 식생의 파괴가 급속도로 진행되고 있는 것이다.

아프리카의 열대우림, 특히 서아프리카의 열대우림은 과거 100년 동안 수십 퍼센트 이상의 삼림이 소멸되었다. 이런 삼림의 파괴 외에도 과도한 방목이나 경작 등은 '사막화'를 더욱 심화시키고 있다. 그리고 그 사막화는 대량의 기아와 환경난민을 만들어냈다.

온난화는 현재에도 꾸준히 환경이나 식생을 변화시키고 있다. 고산이나 사막과 같은 혹독한 환경인 '한계지대'에서는 작은 환경의 변화라도 눈에 보일 정도로 커다란 영향을 발생시킨다. 킬리만자로산이나 케냐산의 빙하는 두 곳 모두 금세기에 들어오면서 급속도로 축소되었고 나미브사막은 최근 들어 홍수가 감소되면서 삼림이나 자연식생을 하던 졸참나무가 대량으로 고사되었다. 그리고 그런 변화는 현재 이 시대에 살고 있는 사람들에게 커다란 영향을 끼치고 있다(이토, 2005, 미즈노, 2005a).

아프리카의 자연은 최근 들어 더욱 환경의 변화에 지극히 민감해지고 있고, 극적인 반응을 하며 변화하고 있다.

케냐산 빙하의 축소와 식생의 천이

온난화의 영향은 아프리카에서 어떤 형태로 발생하고 있는 것일까? 고산지대에서 일어나는 변화를 먼저 살펴보자.

케냐산이나 킬리만자로산에서는 최근 빙하가 급속하게 녹았으며 곧 소멸될 위기에 처해 있다. 1992년(사진 4-1)과 2009년(사진 4-2)의 킬리만자로산 정상의 빙하를 비교해보면, 불과 17년 사이에 커다랗게 축소된 것을 알 수 있다. 이렇게 빙하가 계속 축소된다면 주변 생태계는 어떤 영향을 받게 될까?

빙하가 후퇴하는 원인으로는 일반적으로 온난화와 강수량의 감소를 생각하게 되지만, 최근 100년간 케냐산 빙하가 후퇴한 것과 관련해 강수량의 감소나 일사량 혹은 구름양의 변화는 연관성이 많지 않다. 그것은 온난화의 영향이 더욱 크다는 것을 시사하고 있는 것이다(Hastenrath and Kruss, 1992).

빙하가 후퇴하면 그때까지 생육 범위의 상한선에서 버티고 있던 식물들은 상승하게 된다. 그래서 나는 실제로 어느 정도의 기간에 얼마만큼의 빙하

사진4-1 킬리만자로산의 주봉인 키보의 최정상 우후루 피크의 남쪽 빙하(1992년 8월)

사진4-2 킬리만자로산의 주봉인 키보의 최정상 우후루 피크의 남쪽 빙하(2009년 8월)

가 녹고 식물의 생육 분포에는 어떤 변화가 발생하는지를 정량적으로 나타내 보기로 했다. 급격하게 변한 환경이나 생태계의 변화를 분명하게 밝혀보기 위함이었다.

그 결과를 보기 전에 아프리카의 고산지대의 특징에 대해서 간단히 알아보기로 하자. 케냐산, 킬리만자로산, 루웬조리산 등의 고산에는 고산 특유의 식생이 있다(미즈노, 2007). 케냐산은 상부에서부터 관설대, 고산대, 히스대(고산초원), 하게니아 하이페리쿰대, 죽림대, 산지림대, 사바나(경작지대)로 이루어져 있다(Coe, 1967).

이 중, 고산대는 하부에 포함되며 볏과인 산묵새Festuca, 겨이삭, 코메스스키(데스캄프시아 플렉슈오사Deschampsia flexuosa)속이 우점하고 있는 타소크(볏과식물) 초원이 형성되어 있고, 그 안에는 도라지과의 수염가래꽃속인 로벨리아 케니엔시스Lobelia keniensis 등이 포함된 군락이 형성되어 있다. 그 상부에는 국화과인 금방망이속Senecio nemorensis, 특히 세네시오 케니오덴드론Senecio keniodendron, 거대 개쑥갓Senecio brassica이나 장미과 알케밀라속인 알케밀라 알기로필라Alchemilla argyrophylla가 포함된 군락이 있다(하야시, 1990).

케냐산 정상부에는 빙하가 분포되어 있지만 바로 그 아래에는 선구수종先驅樹種인 고산식물 세네시오 케니오피툼Senecio keniophytum이나 십자화과十字花科인 아라비스 알피나Arabis alpina 등이 분포하고 있다. 그리고 빙하의 후퇴와 함께 그 분포역分布域도 넓어지고 있다. 또한 사면 밑부분에 있는 안정된 사면에는 세네시오 케니오덴드론이나 초롱꽃과 수염가래꽃(숫잔대)속인 로벨리아 텔레키Lobelia telekii 등 대형 반목본성半木本性 로제트형 식물이 생육하고 있다(도표 4-1).

킬리만자로산은 상부에서부터 관설대, 한랭황원寒冷荒原, 고산초원(히스지대), 운무림雲霧林, 열대우림, 사바나로 이루어져 있다. 올리브속, 감탕나무

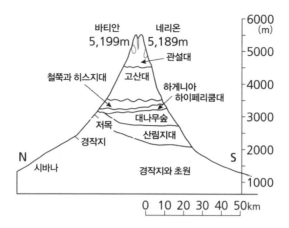

도표 4-1 케냐산의 식생 수직분포(Coe, M.J., 1967)

속, 향나무속 등으로 이루어진 운무림을 제외해보면 그곳에는 니포피아 톰

슨(Kniphofia thomsonii, 백합과, 트리토마속), 프로티아 킬리만자리카(Protea kilimand-

scharica, 프로테아과, 프로테아속), 유리옵스 다크리디오이데스(Euryops dacry-

dioides, 국화과, 유리옵스속), 지느러미엉경퀴(Carduus keniensis, 국화과, 지느러미엉

경퀴속), 밀짚꽃(Helichrysum meyeri-johannis, 국화과, 밀짚꽃속) 등의 고산식물로 이

루어진 고산초원이 펼쳐져 있다. 그중에는 자이언트 세네시오라고 불리는

5미터 이상 크기의 대형 반목본성 로제트형 식물인 세네시오 존스톤-Senecio

johnstonii이 자라고 있다(도표 4-2).

　케냐산의 세네시오 케니오덴드론이나 킬리만자로산의 세네시오 존스톤

등의 자이언트 세네시오는 동아프리카의 해발 2,500미터부터 4,700미터

의 고산에 격리분포되어 있으며 산계에 따라서 형태가 다르고 약 10종류가

분포되어 있다.

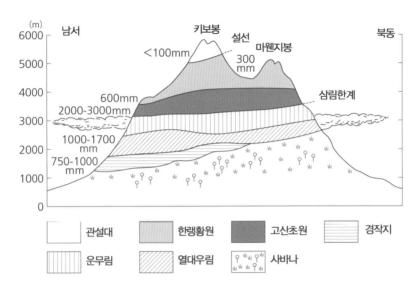

(m)
6000 ┌ 남서   키보봉
                          <100mm   설선
5000 ┤   마웬지봉   북동
                                    300
                                    mm
4000 ┤   600mm   삼림한계
       2000-3000mm
3000 ┤
       1000-1700
2000 ┤   mm
     750-1000
1000 ┤   mm

   0 ┴

관설대   한랭황원   고산초원   경작지

운무림   열대우림   사바나

도표 4-2 킬리만자로산의 수직분포(walter 원도原圖; Schmidt, G., 1969; 다가와 히데오, 1982)

케냐산 빙하의 축소

제3장에서 케냐산의 빙하가 녹기 약 1,000~900년 전 표범의 유골이 발견되었던 것에 대해 설명했다. 이 시대는 단스가드Dansgarrd et al.(1975) 등이 추정했던 그린란드의 기후변동(도표 3-1)과 모순이 없었다. 즉, 지금으로부터 약 900년 전까지는 전 세계적으로 따뜻했고 그 후에 급속하게 추워지게 된 것이다. 그 추웠던 시대는 19세기까지 이어졌고 이와 같은 기후변동은 케냐산 주변에서도 똑같이 일어났다고 가정할 수 있다.

아프리카에 빙하가 존재하는 산은 아프리카에서 최고 높은 킬리만자로산(5,895미터), 두 번째로 높은 케냐산(5,199미터)(사진 4-3), 세 번째로 높은 루웬조리산(5,008미터)뿐이다. 현재 이 세 개의 고산에 있는 빙하는 급속도로 축소되고 있으며 소멸해가고 있다. 앞서 말했듯이 이 빙하들이 축소된 이

사진 4-3 케냐산의 최고봉인 바티안봉과 그 전면에 있는 제2의 빙하인 틴달 빙하(사진 왼쪽). 빙하 전면에는 루이스 모레인이 보인다.

유는 기온의 상승과 강수량의 감소 때문이라 상정할 수 있는데, 케냐산의 산록(고도 1,890미터 지점)은 1963년부터 2010년까지 47년간 기온이 2도 이상 상승했고(도표 4-3) 과거 50년간의 강수량은 뚜렷하게 감소하지 않았다. 때문에 케냐산의 빙하가 축소된 주된 원인이 온난화 때문이라는 것을 알 수 있다.

케냐산 제1빙하인 루이스 빙하는 1992년 관측 개시 이후 급속하게 후퇴하고 있다(사진 4-4, 사진 4-5). 제2빙하인 틴달 빙하에서는 1992년부터 빙하의 후퇴 과정과 그에 따른 식물의 천이에 관한 조사를 실시하고 있다.

도표 4-4는 틴달 빙하 주변의 지형을 나타낸 것이다. 빙하가 확대될 때는 빙하가 불도저처럼 역암이나 토사를 앞으로 옮기고, 빙하가 축소되면 그 역암이나 토사를 그 장소에 그대로 둔 채 움직인다(사진 4-3 참조). 앞에서 본

(a)

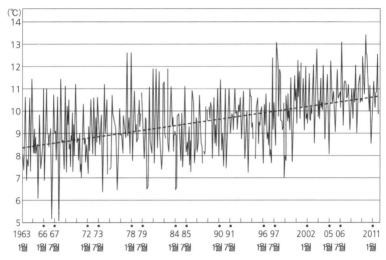

(b)

도표 4-3 케냐산 산록인 1,890미터 지점의 기온. (a) 일 최저기온의 월평균 그래프, (b) 일 최저기온의 연평균 그래프

것처럼 그 작은 산을 모레인이라고 하며, 틴달 빙하의 주변에서는 '루이스 모레인'과 '틴달 모레인'을 볼 수 있다(도표 4-4). 루이스 모레인은 약 100년

사진 4-4 케냐산 제1빙하인 루이스 빙하(1992년)

사진 4-5 케냐산 제1빙하인 루이스 빙하(2015년)

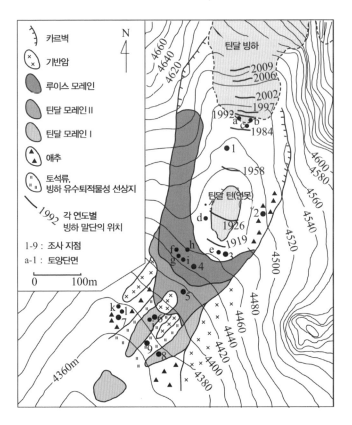

도표 4-4 케냐산, 틴달 빙하 주변의 지형학도와 틴달 빙하 말단(끝부분)의 위치(미즈노, 2005)
* 루이스 모레인과 틴달 모레인의 명칭은 Mahaney(1982; 1989) 혹은 Mahaney and Spence(1989)에 의거한다.
* 빙하 말단의 위치 1919, 1926, 1963은 Hastenrath(1983)에, 1950, 1958은 Charnley(1959)에 의거한다.

BP(1950년부터 약 100년 전), 그리고 틴달 모레인은 약 900~500년 전인 빙
하 전진기에 형성되었다고 추측된다(Mahaney, 1989; 1990; Mizuno, 1998. 미즈
노 · 나카무라, 1999).

　이렇듯 약 150년 이전은 추운 시대와 따뜻한 시대가 번갈아 찾아왔다. 하
지만 도표 4-4에 표시된 틴달 빙하의 끝부분의 위치를 보면 과거 150년간
빙하는 후퇴하기만 했다. 그렇기 때문에 150년 전 이후에 새로 생긴 모레인

사진 4-6 빙하 융해 후 최초로 생육했던 선구종, 세네시오 케니오피툼

은 찾아볼 수 없다.

빙하의 말단 가까이에 사는 선구적 식물인 세네시오 케니오피툼은 국화과의 세네시오속으로 노란 꽃을 피우는 고산식물이다(사진 4-6). 그 분포를 보면 우선 암반이 능선 모양(제방 모양)의 볼록한 형태인 사면으로 형성된 곳에 가장 많이 분포하고 있으며 암반의 갈라진 틈이나 암괴巖塊의 틈 등에도 많이 자라고 있다. 세네시오 케니오피툼이 암반의 갈라진 틈이나 암괴의 틈새에 많이 자라고 있는 이유는, 그런 지형일수록 세립 물질이 쌓이기 쉽고 그곳에 종자가 떨어지면 그 세립 물질에 보유되어 있던 수분을 공급받아 식물이 생육할 수 있기 때문이다. 또한 세립 물질이 뿌리를 고정시켜주는 역할도 하고 있기 때문이다. 더불어 암반이나 암괴로 인해 지표가 안정된 상태라는 점도 중요한 조건이 된다.

선구종은 많은 양의 식물이 자라기에는 힘든 토양 조건을 가진 장소에 침

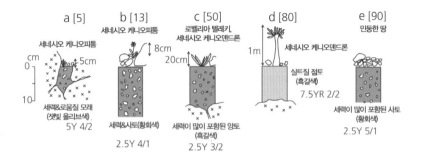

a [5]
세네시오 케니오피툼
cm
0
10
세력&로움질 모래
(잿빛 올리브색)
5Y 4/2
5cm

b [13]
세네시오 케니오피툼
8cm
20cm
세력&사토(황화색)
2.5Y 4/1

c [50]
로벨리아 텔레키,
세네시오 케니오덴드론
세력이 많이 포함된 양토
(흑갈색)
2.5Y 3/2

d [80]
1m
세네시오 케니오덴드론
실트질 점토
(흑갈색)
7.5YR 2/2

e [90]
민둥한 땅
세력이 많이 포함된 사토
(황화색)
2.5Y 5/1

도표 4-5 각 조사 지점(도표 4-4)에서의 토양 단면도(Mizuno, K., 1998)
 * [ ] : 각 조사 지점인 빙하성 퇴적물(토양)의 연대(년)(빙하에서 해방되고 난 해의 수—빙하의 후퇴 속도와
 각 지점의 빙하 말단에서의 거리로 구했음)
 5Y 4/2: 토색첩±色帖의 색상

사진 4-7 총생叢生하는 벗과의 초목들 가운데 생육하는 대형 목본성 식물인 세네시오 케니오덴드 론과 로벨리아 텔레키(1992년)

입한다. 그리고 부식된 물질을 다시 퇴적시키고 그에 따라 토양도 발달하게
된다. 토양의 입자는 미세해지며 부식물의 퇴적작용으로 색이 까맣게 변하

고(도표 4-5), 보다 많은 식물이 생육할 수 있는 환경으로 변화하게 된다. 그리고 빙하에서 해방되고 약 100년가량의 시간이 흐르면 대형 반목본성 로제트형 식물인 국화과의 세네시오 케니오덴드론이나 초롱꽃과인 로벨리아 텔레키가 생육할 수 있게 되는 것이다(사진 4-7).

빙하의 후퇴와 함께 산으로 올라간 식물

틴달 빙하는 사진 4-8에서 보는 것처럼(1992년(a), 1997년(b), 2002년(c), 2006년(d), 2011년(e), 2015년(f)) 급속하게 후퇴하고 있다. 틴달 빙하가 후퇴하는 속도는 1958~1996년 약 3미터/년, 1997~2002년 약 10미터/년, 2002~2006년 약 15미터/년, 2006~2011년 약 8미터/년, 2011~2015년 약 9미터/년이었다. 그 빙하의 뒤를 쫓아가듯 선구적 식물 4종은 각각 사면의 위쪽 방향을 향해 식물분포의 최전선을 확대시키고 있다. 특히 빙하가 녹은 장소에 제일 처음으로 생육할 수 있었던 제1 선구종인 세네시오 케니오피튬은 빙하의 후퇴 속도와 유사한 속도로 전진했다(도표 4-6, 4-7).

도표 4-7은 틴달 빙하에서 틴달 턴(연못)까지 분포하고 있는 거의 모든 종에 해당하는 분포 최전선의 위치를 나타내고 있다. 빙하가 녹은 장소에 일찍이 자라고 있던 선구종 4종은 빙하의 후퇴 속도와 거의 같은 속도로 분포되었고 1997년 이후에는 더욱 빠른 속도로 전진하고 있다. 1996년, 빙하의 말단 부분과 맞닿게 설치한 영구 플롯plot(폭 80미터×길이 20미터)으로 식물분포 조사를 개시하였는데 케니오피튬의 개채수와 식피율植被率, 지표를 감싸고 있는 비율이 동시에 증가했고 15년 후인 2011년에는 대폭 증가되어 있었다(도표 4-8). 또한 1996년, 플롯 안에서 생육하던 종은 세네시오 케니오피튬 단 한 종뿐이었지만 2011년에는 대부분 같은 종이 분포되어 있기는 했어도

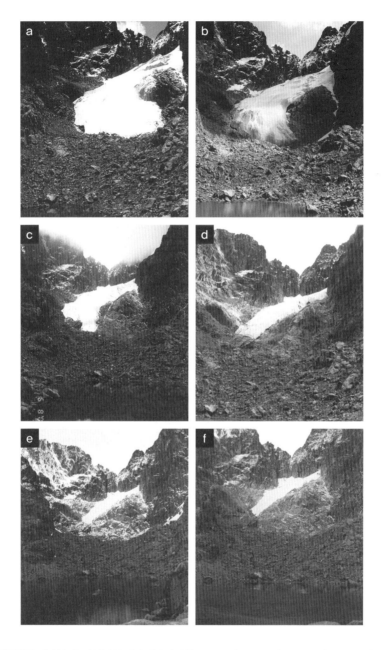

사진 4-8 케냐산 제2의 빙하인 틴달 빙하의 변화. a: 1992년, b: 1997년, c: 2002년, d: 2006년, e: 2011년, f: 2015년

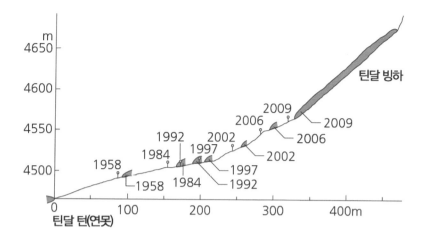

도표 4-6 케냐산 제2의 빙하인 틴달 빙하의 후퇴와 식물의 천이(Mizuno and Fujita, 2014)
* 1958년부터 2009년까지의 빙하 말단의 위치와 제1의 선구종인 세네시오 케니오피퉁의 최전선
의 위치(식물분포 범위 중 빙하의 말단에 가장 가까운 개체의 위치). 1958년의 데이터는 Coe(1967)에서,
1984년의 데이터는 Spence(1989)에서 인용함.

세네시오 케니오피퉁 외의 3종이 생육하고 있었다.

여담이긴 하지만 케임브리지대학교에서 발행한 생태학 교과서 시리즈
중 하나인《고산식물의 생태학The Biology of Alpine Habitats》를 읽던 중, 내가 작
성했던 식물 천이표(도표 4-7 중 2002년까지의 데이터)가 게재되어 있는 것을
보고 깜짝 놀랐던 경험이 있다. 내가 2005년 국제학술잡지에 실었던 논문
(Mizuno, 2005)을 인용했던 것인데, 그 교과서에 따르면 빙하의 후퇴와 식물
의 천이에 관한 연구는 그 대부분이 연대를 알 수 있는 몇 개의 모레인에 분
포된 식물을 조사하여 빙하의 후퇴에 따른 식물의 천이를 분명히 밝히고 있
었다. 그중에서도 케냐산에 관한 연구는 실시간으로 이루어지는 빙하의 후
퇴와 식물의 천이를 분명하게 밝혔다는 점에서 세계 어디에서도 쉽게 찾아
볼 수 없는 연구로 인정받고 있다.

이 케냐산에 관한 연구의 최신 논문(Mizuno and Fujita, 2014)은 『Journal

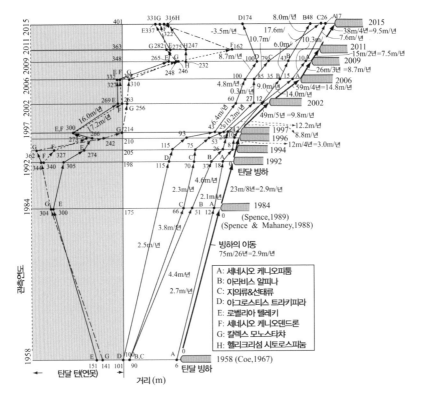

도표 4-7 케냐산, 틴달 빙하의 소장消長과 고산식물의 천이(Mizuno and Fujita, 2014에 2015년의 데이터를 추가함)

 * 가로축: 틴달 빙하 말단에서 각 식물종의 생육전선까지의 거리(미터)
 * 세로축: 연대(가로축의 길이는 연수를 나타냄)
 * 실선: 틴달 빙하 말단 혹은 각 식물종의 생육 전선의 위치의 이동(실선의 기울기는 이동 속도를 나타냄)

of Vegetation Science'에 게재되어 있다. 연대를 알 수 있는 모레인을 활용하면 한 번의 조사로 빙하의 후퇴와 식물의 천이 관계를 알 수 있지만 실시간으로 조사를 하려면 수년 혹은 몇십 년에 걸친 조사를 해야 하며, 일생을 바치는 각고의 노력과 연구를 하지 않으면 안 되는 것이다.

온난화와 케냐산 식생의 천이

틴달 턴(연못)의 북단에서부터 경사면 위쪽 방향에 2006년까지는 생육하지 않았던 밀짚꽃과 같은 부류의 헬리크리섬 시트리스피넘Helichrysum citrispinum(사진 4-9)이 2009년에는 틴달 턴 북단의 위쪽 측퇴석側堆石, lateral moraine 위에 32그루가 분포되어 있었다(도표 4-7). 이것은 최근에 일어난 빙하 후퇴에 따른 식물분포의 전진이 아닌, 기온 상승에 의해 식물분포가 '높은 해발로 향해 확대'되었다고 추정할 수 있다.

헬리크리섬 시트리스피넘은 통상적으로는 날이 따뜻해지는 12~2월에 개화하는 식물이지만 2009년에는 8월에 개화해 있었다. 이것은 2009년 3~9월의 기온이 평년보다 1도 이상 높았기 때문에 한 번에 생육 범위가 경사면 위쪽으로 퍼졌고, 2009년 4~8월 기온이 평년 12월의 기후 정도로 따

사진 4-9 밀짚꽃과 같은 부류인 헬리크리섬 시트리스피넘. 2006년까지 틴달 턴(연못)의 북단부터 경사면 위쪽으로는 생육하고 있지 않았으나 2009년에는 측퇴석 위에 32그루가 분포하고 있었다.

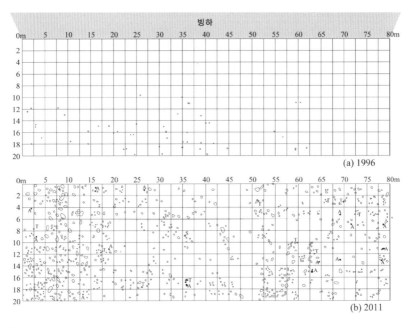

도표 4-8 1996년, 빙하 말단에 설치된 방형구方形區의 1996년과 2011년의 식생분포(식물의 군락을 위에서부터 지면으로 투영시킨 도면)

뜻한 기온이었기 때문에 8월에 개화되었다고 추정된다(표 4-1). 그리고 기온이 평년치였던 2011년 8월에는 헬리크리섬 시트리스피넘이 49그루 (17그루가 더해짐)로 늘어났었으나 꽃봉오리를 가진 개체는 한 그루뿐이었고 다른 개체는 개화하지 않았다.

또한 대형 반목본성 로제트형 식물인 자이언트 세네시오(세네시오 케니오덴드론)는 1958~1997년에는 경사면 위쪽으로 확대 분포되는 경향을 볼 수 없었는데 1997~2011년에는 확대되어 산의 사면을 올라가고 있었다 (도표 4-7). 이 종은 빙하의 후퇴가 천이에 직접적인 영향을 주었다고 생각할 수는 없지만 선구종이 경사면의 위로 확대됨에 따라 토양 조건이 개선되었고 온난화로 인해 자이언트 세네시오의 생육 환경이 경사면 위쪽으로 확

	1월	2월	3월	4월	5월	6월	7월	8월	9월	10월	11월	12월
2007	25.4	27.0	27.2	25.2	24.3	23.8	22.9	23.3	24.5	24.1	24.2	25.2
2008	26.0	27.1	27.2	24.9	24.7	24.6	23.7	24.5	25.9	23.9	23.5	25.2
2009	26.0	26.9	28.2	26.7	25.5	26.0	24.6	25.3	26.5	24.4	24.3	24.2
2010	25.0	25.6	25.1	24.3	24.3	23.9	22.9	23.9	24.7	24.5	23.5	26.1
2011	26.6	27.8	27.6	26.2	24.6	24.8	24.3	23.3	23.8	24.2	23.6	22.4
평균	25.8	26.9	27.1	25.5	24.7	24.6	23.7	24.1	25.1	24.2	23.8	24.6

표 4-1 케냐산록 1,890미터 지점 일 최고기온(℃)의 월평균치(2006~2010년)

대되었다고 짐작할 수 있다. 자이언트 세네시오는 통상적으로는 12월 중순 경, 날이 따뜻해지면 꽃봉오리가 나오고 1~2월에 개화하며 종자가 방출된 다. 하지만 2011년에는 8월에 개화했다. 예년 7~8월은 건기에 해당되지만 2011년의 7~8월은 비가 계속해서 내렸기 때문에 그 점도 개화에 영향을 주었다고 추측된다.

킬리만자로산과 루웬조리산 빙하의 축소

이번 장의 서두에서 다루었던 사진 4-1은 1992년 킬리만자로산의 주봉 인 키보 정상에서 촬영한 빙하이며 사진 4-2는 같은 장소를 2009년에 촬 영한 것이다. 마찬가지로 사진 4-10은 1992년, 사진 4-11은 2009년, 사진 4-12는 1992년, 사진 4-13은 2009년의 것이다. 이 자료를 보면 놀랄 만큼 급속도로 빙하가 축소되고 있다는 사실을 알 수 있다.

실제 분포도(도표 4-9)를 보면 1970년대부터 2002년까지 빙하가 굉장 히 축소되어 있다. 도표 4-9에서 2002년 빙하 분포도는 전세기인 세스나를 이용하여 상공에서 조사한 것이다. 그 당시는 사진이나 비디오 촬영을 하기

편하도록 세스나의 문을 제거한 뒤 비행을 시작했다. 그래서 나는 떨어지지 않기 위해 등산용 밧줄을 이용해 의자에 몸을 고정시킨 뒤 공중에서 촬영을 했다. 비행기 문을 뗀 채 6,000미터에 가까운 상공까지 올라갔기 때문에 옷을 몇 겹이나 겹쳐 입었지만, 장갑을 끼지 않은 손은 몹시도 차가웠다. 그리고 거기에서 키보봉의 갈색 칼데라에서 하얗게 빛나고 있는 빙하를 아주 가깝게 볼 수가 있었다(사진 4-14). 현재는 그때보다 10년 이상의 시간이 흘렀고, 앞으로 10~20년 안에 케냐산, 그리고 킬리만자로산의 빙하는 소멸될 것이라 예상된다.

케냐산(5,199미터) 빙하의 대부분은 기온의 상승에 따른 융해에 의해 축소되고 있다고 추정된다. 케냐산보다 1,000미터 가까이 높은 킬리만자로산(5,895미터)에서는 적설량 부족에 따른 건조화 때문에 태양방사로 인한 융해얼음이 태양방사 그 자체를 흡수하여 얼음 자체의 온도가 올라 발생하는 융해가 수직 얼음벽을 후퇴시키고 있다(Molg et al., 2003). 그렇기 때문에 빙하와 수평이었던 정상

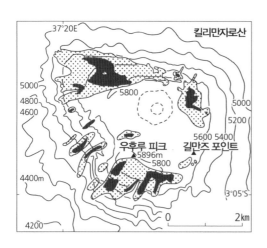

부가 줄어든 것은 대부분의 얼음이 직접 기화하는 승화(난류현열 플럭스亂流顯熱 flux)에 의한 것이며(Molg and Hardy, 2004) 난류현열 플럭스 기온 그 자체의 상승이 아닌 기온이 융점=영도零度에 달하여 그 열이 전도되는 얼음을 녹인다에 의한 기온의 영향은 별로 받지 않는다(Kaser and

도표 4-9 킬리만자로산의 주봉인 키보의 빙하 분포도(미즈노, 2005b)
* 반점의 범위가 1970년대의 빙하 분포(Hastenrath, 1984), 검은 부분이 2002년 8월 17일의 빙하 분포

사진 4-10 킬리만자로산, 사돌고원 앞에 보이는 키보(1992년 8월)

사진 4-11 킬리만자로산, 사돌고원 앞에 보이는 키보(2009년 8월)

et al., 2004)고 알려졌었다.

그렇기 때문에 실제로 킬리만자로산에서는 빙하의 축소 형태인 계단 형태의 빙하(사진 4-12, 4-13)나 얼음벽(사진 4-1, 4-2)을 볼 수 있으며 킬리만자로산 정상에서 50년에 걸쳐 조사한 기온 데이터에서도 최근 기온 상승의 경향은 찾아볼 수 없다. 하지만 2009년에는 빙주氷柱 등 융해수가 재동결再凍結되는 현상이 빈번하게 관찰되고 있어서, 최근에는 어떤 영향이든 융해로 인한 빙하의 축소가 계속 진행되고 있음을 추정할 수 있다.

최근 아프리카 제3의 고산인 루웬조리산(5,008미터)에서도 스탠리산군의 빙하 축소가 현저하게 진행되고 있다. 이렇게 아프리카에 존재하는 세 개의 고산 빙하는 20년 이내에 전부 소멸될 것이라고 예상되고 있다.

앞에서도 말했듯이 킬리만자로산 산록에 사는 마사이족 사람들은 그 하얗게 빛나는 서쪽 정상을 향해 '누가예 누가이(신의 집)'라 칭하며 숭배해왔다. 케냐산도 그 산 정상은 키쿠유족이나 마사이족 사람들에게 있어 신성한 장소로 여겨지며 'Ngai(누가이=신)'의 집이 있다는 신앙을 갖고 있다. 케냐산 주변에 사는 키쿠유족 사람들은 가뭄이 계속될 때마다 90세 이상의 남자 4명이 가족과 떨어져 1주일 동안 한집에서 누가이를 향해 기도한다. 그 후 커다란 무화과(혹은 삼나무나 올리브) 밑에서 어린 양을 산 제물로 바치면서 누가이를 향해 계속 기도를 한다(오오타니, 2016). 어린 양은 색이 새카맣거나 새하얀 것을 바치도록 정해져 있다. 이런 의식에도 비가 내리지 않는다면 이 행위는 계속 반복되는 것이다. 이런 기도는 평화와 건강에 관해서도 똑같이 행해진다. 매년 12월 27일에는 케냐산 주변의 사람들 약 3,000명이 자동차나 전세버스로 이동하면서 케냐산을 향해 기도한다고 한다(사진 4-15).

킬리만자로산이나 케냐산 산록에 있는 마을에는 태양의 빛을 반사시킨 빙하가 빛나고 있다. 그렇게 신이 살고 있다고 여겨지는 고산에 빛이 사라지

사진 4-12 킬리만자로산의 주봉인 키보의 길만즈 포인트 북쪽에서 볼 수 있는 계단형 빙하(1992
년 8월)

사진 4-13 킬리만자로산의 주봉인 키보의 길만즈 포인트 북쪽에서 볼 수 있는 계단형 빙하
(2009년 8월)

사진 4-14 킬리만자로산의 주봉인 키보의 칼데라와 그 내측에 있는 중앙 화구구火口丘와 화구. 제
일 바깥쪽이 칼데라를 둘러싼 외륜산外輪山으로 거기에 최정상인 우후루 피크가 있다
(5,895미터)(2002년 8월).

사진 4-15 케냐산 주변 거리에서 보이는 케냐산. 산 정상에는 신神 누가이가 살고 있다 하여 신앙
의 대상이 되고 있다.

게 될 날이 이제 얼마 남지 않았다. 지구온난화는 이렇게 우리들에게 여러 가지 형태로 영향을 끼치고 있다.

아프리카 고산에서 볼 수 있는 급속한 빙하의 융해나 식생의 천이는 최근에 나타난 온난화가 원인이라고 추측할 수 있는데, 그뿐만이 아니라 생태계 전체에도 영향을 끼칠 것이라 예상된다. 최근 가속도로 빙하가 융해되고 있다는 사실은 특히 주목해야 할 것이다.

고산은 낮은 기온, 급격한 기온의 변화, 불안정한 지표, 강풍에 의한 건조, 대량의 적설 등 혹독한 환경의 장소이기도 하다. 식물은 그 험난한 환경에 맞서 한계에 가까운 상태로 적응을 하고 있다. 그렇기 때문에 환경이 조금이라도 변화하게 되면 식생은 커다란 영향을 받으면서 명료한 변화를 보여준다. 고산에서 식생과 환경의 대응 관계를 관찰한다는 것은 지구 전체에서 일어나는 환경 변화를 인식하게 해주고 그것이 더없이 중요한 문제라는 점을 일깨워준다.

그러나 지구의 온난화가 큰 문제라는 점을 인식하고 있으면서도 그것을 매일 본인의 생활과 관련지어 걱정하거나 두려워하는 사람은 별로 없어 보인다.

아프리카에서 일어난 100년간의 기후변동이 자연과 사회에 끼치는 영향

이쯤에서 과거 100년간 아프리카에 일어난 기후변동에 관해 살펴보자.

아프리카 사헬의 남연지대는 20세기 초반 강수량이 급격히 감소하였고 1910~1916년에도 전반적으로 강수량이 줄어들었다. 특히 1913~1914년에는 심한 가뭄이 찾아왔었다(미즈노, 2008).

나이지리아 북부에서는 1913년 보르누지역의 강수량이 평균 강수량보다

50퍼센트 이하로 떨어졌고 등우량선等雨量線이 평균 위치보다 150~300킬로미터나 남쪽 방향으로 후퇴했었다(Grove, 1973). 카노주 안에서만 5만 명에 달하는 사망자가 나왔고 북부에 위치한 카치나주에서는 적어도 4,000명이 사망했다고 알려졌다. 또한 보르누 서부의 목축민인 워다베 풀라니 Wodaabe Fulani 부족은 1913년 당시엔 약 1만 명의 인구와 8만 8,000마리의 소를 보유하고 있었으나, 1914년에는 인구가 5,500명, 소는 3만 6,000마리까지 감소했다(Stenning, 1959).

니제르에서는 1913년, 펜니세튬 글라우쿰Pennisetum Glaucum 등의 잡곡(사진 4-16) 재배에 큰 타격을 입었고 소의 3분의 1, 염소와 양의 2분의 1이 죽어버렸다고 한다(Bowden et al., 1981). 또한 말리에서는 통북투Tombouctou주의 1913년 연 강수량이 평균 강수량의 61퍼센트인 141.7밀리미터였다. 니젤강 하곡의 쿠루사Kouroussa와 통북투의 사이에서 재배되던 쌀도 1914년의 생산량이 겨우 3만 1,025킬로그램으로 1910~1913년의 평균 생산량인

사진 4-16 펜니세튬 글라우쿰 밭(나미비아 북부)

185만 4,575킬로그램의 1.7퍼센트 정도밖에 생산하지 못했다.

니젤강의 대만곡부지대大灣曲部地帶 최대의 호소湖沼, 호수와 늪인 파기빈 호수는 1909~1911년 사이에 호안선湖岸線이 25킬로미터나 후퇴하였고 1914년에는 주위의 2킬로미터만을 남긴 채 완전히 말라버렸다. 그로 인해 연안에 있던 집락集落에는 사람이 없어졌고, 1914~1915년 군댐Goundam지역의 수확량은 거의 0에 가깝게 떨어지고 말았다(Chudeau, 1918; 1921; Buckle, 1996).

사진 4-17 빅토리아 호수를 원류로 하는 빅토리아나일은 알버트 호수에 유입된다. 그 유입 부근에 위치한 머치슨 폭포의 모습

하지만 1920년대나 1930년대에는 차드 호수의 수위가 상승하였다. 특히 시에라리온에서는 높은 강수량을 기록하였고 서아프리카는 현저하게 습윤한 상황으로 바뀌게 되었다. 1960년대 초반에는 이상하리만큼 강수량이 많았고 거기에 광범위한 강수가 열대아프리카까지 영향을 끼치게 되었다. 1961년 후반 케냐, 탄자니아, 우간다의 강수량은 평균 수치의 3배 정도로, 1961년과 1964년 사이의 빅토리아 호수의 수위는 약 3미터나 상승하여 배의 수송이 중단되었다. 또한 1964년 나일강에서는 1900년 이후 가장 심한 홍수가 있었다(사진 4-17)(Buckle, 1996).

안데스 빙하의 변동과 식생의 천이

지금까지 서술했듯이, 현재의 아프리카 열대고산은 지구온난화와 함께 빙하가 점점 축소되고 있다. 또한 그 빙하의 후퇴와 함께 고산식물들이 산으로 올라가고 있다. 그렇지만 이런 현상은 아프리카에서만 일어나는 현상이 아니다. 이제부터는 내가 볼리비아의 안데스 산계에 가서 조사한 '빙하의 후퇴와 식생의 천이(미즈노·후지타, 2016)'에 관해 소개해보겠다.

볼리비아 안데스 코르디예라레알산맥의 찰키니Charquini산(5,740미터)은 라파스 북방에 있는 차칼타야chacaltaya산(도표 4-10)의 바로 북서쪽에 위치하고 있다. 나는 이 찰키니산의 서쪽 카르Kar, 권곡; 빙하의 침식으로 생긴 산간의 U자형 분지에서 모레인의 분포와 그 식생의 분포를 조사했다.

이 지역의 연 강수량은 800~1,000밀리미터로 식생은 고산초원과 고산황원을 이루고 있다. 지질은 서카르의 북측에는 화강암이, 남측에는 사암, 이암호층이 분포되어 있다.

도표 4-10 차칼타야산의 위치도

도표 4-11은 서카르의 모레인 분포도다. 서카르는 길이 약 5킬로미터, 폭은 약 3킬로미터가량 퍼져 있으며, 현재 빙하의 말단은 해발 5,000미터에 위치해 있다. 서카르에는 서쪽 빙하가 후퇴하면서 남은 11개의 모레인을 확

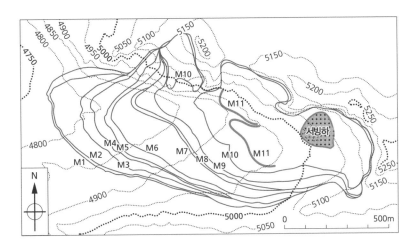

도표 4-11 찰키니산 서빙하 전면에 퍼져 있는 모레인의 분포(하세가와, 2016; 야마가타, 2016b)

인할 수 있다. 빙하는 전진할 때 불도저처럼 지면을 깎아 암설巖屑을 앞으로 밀어내고, 후퇴할 때는 암설로 된 작은 산, 즉 모레인을 남기고 간다. 한랭기가 끝나고 일련의 후퇴를 하게 될 때, 다시 조금씩 전진하면서 모레인이 남게 되는 것이다. 즉, 경사면 밑부분에 있는 모레인일수록 오래된 것이며, 위에 있는 모레인일수록 새로운 시대에 형성된 것이 된다. 오래전, 윗부분에 있던 모레인은 최후의 빙하확대기에 모두 깎이면서 남아 있지 않기 때문이다. 모레인이 형성된 연대는 표 4-2와 같이 추정되고 있다.

이런 모레인은 홀로세 초기의 모레인(OM)

모레인	형성 연대
OM	약 8,600년 전
M1	1663±14
M2	1700±12
M3	1739±12
M4	1755±10
M5	1763±10
M6	1791±10
M7	1815±10
M8	1852±9
M9	1873±9
M10	1907±9
M11	1970년대

표 4-2 찰키니산 서쪽 카르의 모레인 각각의 추정 연대
* M1–10: Rabatel et al., 2005

과 소빙하기 이후의 모레인(M1~11)으로 구분된다(Rabatel et al., 2005). 이 연대는 라바텔(Rabartel et al., 2008)이 바위에 붙어 있는 지의류地衣類의 크기를 통해 추정했다. 바위가 빙하에서 해방되고 나면 지의류는 바위 위에서 성장해가기 때문에 그 크기로 모레인의 형성 연대를 추정할 수 있다. 모레인 11의 연대는 Rabatel et al.(2008)에서는 나오지 않았지만 모레인10의 연대인 1907±9보다 60년 정도 뒤의 것이라고 추정되고 있다.

조사는 11개의 모레인 중 총 5개의 장소에 10미터×10미터의 플롯을 짓고 그중 2미터×2미터의 방형구마다 식생 분포와 지표면 구성 물질의 역경礫經 분포를 조사하였다(사진 4-18). 각 플롯은 2미터×2미터인 25방형구로 구분되며 그런 플롯이 5개가 있기 때문에 총 125방형구가 된다. 단, 통계분석을 실행하기 위한 샘플 방형구를 각 플롯당 13방형구를 설치하여 총 65방형구에 관한 분석을 실시했다.

사진 4-18 찰키니산의 서카르의 모레인3에서 실시한 식생 조사. 뒤에 보이는 것은 와이나 포토시Huayna Potosi산

사진 4-19 찰키니산의 서카르에 있는 약 320년 전에 퇴적한 모레인2. 암설이 지의류에 덮여 검게 보이며 풍화작용으로 인해 암설 사이에 얇은 입자의 물질이 쌓이면서 토양이 발달하게 되었다.

사진 4-20 찰키니산의 서카르에 있는 약 50년 전 퇴적한 모레인11과 전방 왼쪽에 보이는 서빙하. 퇴적이 되고 시간이 별로 경과되지 않았기 때문에 암설이 지의류를 별로 덮고 있지 않으며 풍화작용도 많이 진행되지 않았기 때문에 암설이 커다랗다. 얇은 입자의 물질도 그다지 쌓이지 않은 상태다.

구분	모레인2 (320)	모레인3 (280)	모레인6 (230)	모레인9 (150)	모레인11 (50)
국화과 부류	54	15	0	0	0
Belloa schultzii	92	62	8	31	0
벨루어 부류	0	8	8	0	0
Perezia multiflora	62	31	15	8	0
Senecio rufescens	0	46	46	15	0
Werenia conyza	69	46	23	15	0
Deyeuxia nitidula	100	92	100	100	8
Dielsiochloa floribunda	0	0	23	38	0
지의/선태류	100	85	100	100	62

( )연대: ~년 전, 각 모레인25방형구 중, 샘플 방형구13.

표 4-3 빈도가 높았던(빈도 90퍼센트 이상) 종의 모레인별 출현 빈도(미즈노·후지타, 2016)

오래된 모레인(모레인2: 약 320년 전)은 암설이 낡은 시대로 퇴적했기 때문에 바위의 표면에 지의류가 달라붙어 검게 보인다. 또한 풍화가 진행되면서 바위 사이에는 얇은 입자물질이 충전充塡되고, 그러면서 토양이 발달하게 된다(사진 4-19). 한편, 새로운 모레인(모레인11: 약 50년 전)은 암설이 퇴적되고 난 후의 경과 연대가 적기 때문에 아직 암설이 지의류를 덮을 확률이 낮아 바위색이 하얗다. 또한 풍화가 진행되지 않았기 때문에 암설이 크고 암설 사이에 얇은 물질이 쌓여 있지 않다(사진 4-20).

모레인이 생기면 그곳엔 고산식물의 종자가 정착하고 발아되어 성장해 간다. 표 4-3은 출현 빈도가 높은 고산식물 종류를 모레인별로 구분해 작성한 출현 빈도다. 식물의 동정同定, 동식물의 분류학상의 소속을 결정함은 라파스La Paz의 산안드레스대학교 자연과학부 식물표본창고의 로사 이세라 메네시스 박사에게 의뢰하였다. 이를 보면 낡은 모레인일수록 식물종의 출현 빈도가 높으며 새로운 모레인일수록 낮다는 것을 알 수 있다. 이렇게 시대가 지나면 그에 따라 여러 가지 식물들이 정착할 수 있도록 변해가는 것이다. 다만 식물종에 따라서는 예외도 있으며 무조건 가장 낡은 모레인만이 가장 출현 빈도가 높다고 단정 지을 수는 없다. 그것은 새로운 모레인일수록 고도가 높고, 낡은 모레인일수록 고도가 낮기 때문에 식물종에 따라서는 고도가 높은(즉, 기온이 낮은) 환경을 좋아하는 종이 있기 때문이다(미즈노 · 후지타, 2016).

국화과 부류나 페레지아 멀티플로라Perezia multiflora, 웰네리아 코니자Werneria conyza처럼 특별하게 해발이 낮고 낡은 모레인에서 많이 볼 수 있는 식물, 다육식물인 벨루어 부류처럼 중간 고도의 300~200년 전에 생성된 모레인에서 특히 많이 볼 수 있는 식물, 세네시오 루페스첸스senecio rufescens나 디엘시오크로어 플로리분다Dielsiochloa floribunda와 같이 높은 해발과 새로운 모레인에 특히 출현하는 종, 디에우크시아 니티듀라Deyeuxia nitidula처럼 해발

사진 4-21 찰키니산의 서카르 빙하 말단 부근에 살고 있는 국화과의 세네시오 루페스첸스. 2013년에는 차칼타야산의 식물의 생육고도상한生育高度上限을 점유하고 있었다.

이 낮고 낡은 모레인부터 높은 해발의 새로운 모레인까지 넓게 분포하고 있는 종 등 모레인의 연대나 해발에 따라서 출현하는 종이 달랐다. 빙하 말단 부근에 자라고 있던 것은 페레지아 부류인 디에우크시아 크리산타Deyeuxia chrysantha, 세네시오 루페스첸스(사진 4-21)였다. 케냐산의 빙하 말단 부근에 자랄 수 있다는 제1 선구종도 같은 국화과의 세네시오속인 세네시오 케니오피툼이었다(미즈노, 2002: 2005b).

각 모레인에서 장경 50센티미터 이상의 자갈 점유율(도표 4-12)과 최대력(제일 큰 자갈 사이즈)의 비교(도표 4-13), 그리고 장경 5센티미터 미만의 자갈 점유율(도표 4-14)을 살펴보면 모레인의 연대가 새로워짐에 따라 분포하는 퇴적물의 역경이 커지고 낡은 모레인은 퇴적된 자갈이 작은 경향이 있다는 것을 알 수 있다. 모레인 사이에 있는 유관속식물維管束植物, vascular plants, 양치식물과 종자식물의 피복률被覆率 비교나 종수의 비교(도표 4-15, 4-16)를 보면 유관속식물의 출현 종수나 식피율植被率, 어떤 일정한 장소에서 모여 사는 특유한 식물의 집단은 모레인의 연대가 새로워질수록 저하되어 있었다(미즈노·후지타, 2016).

이러한 사실들을 통해 모레인의 연대가 오래되면 퇴적물이 얇아지고 출현 종수나 식피율이 증가하는 경향이 있다는 것이 판명되었다.

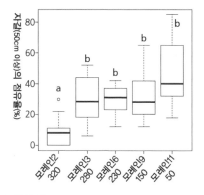

도표 4-12 모레인의 자갈 점유율(50센티미터 이상) 비교

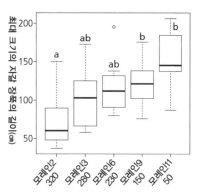

도표 4-13 각 모레인별 최대 크기의 자갈 사이즈 비교

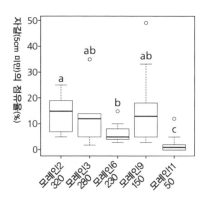

도표 4-14 각 모레인별 자갈 점유율(5센티미터 미만) 비교

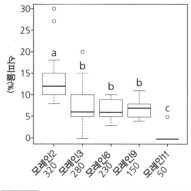

도표 4-15 각 모레인별 유관속식물의 피복률 비교

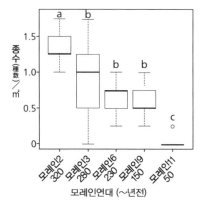

도표 4-16 각 모레인별 유관속식물의 종수 비교

* 도표 4-12~4-16의 서로 다른 알파벳 사이에는 유의차(有意差, Steel-Dwass test(도표 4-16만 Bonferroni test), $p < 0.05$)가 있음이 인정되었다. 상단의 가로선이 최대치, 하단의 가로선이 최소치, 상자 상단이 데이터가 큰 쪽부터 4분의 1, 하단은 데이터가 작은 쪽부터 4분의 1. 상자 안의 가로선이 중앙치를 의미한다(미즈노·후지타, 2016).

2.
온난화는 남알프스의
'화초 군락지'를 어떻게
변화시켰는가

삼림한계와 '화초 군락지'

일본의 고산대 · 아고산대의 식생 변화에 대해 살펴보자.

고산대 · 아고산대의 '화초 군락지'에는 꽃들이 또렷한 색깔로 피어 있다. 그래서 산을 오르며 힘들어하는 등산객들의 기분을 온화하게 만들어주기도 한다. 사실 내가 처음 연구를 시작하게 된 계기가 바로 '왜 그곳에 화초 군락지가 있는 걸까?'라는 의문을 갖게 되면서부터다.

'화초 군락지'는 끝없이 계속 이어져 있지는 않으며 산을 오르다 보면 가끔 갑자기 나타난다. 삼림한계 이하의 경우는 어둑어둑한 삼림대가 갑자기 끊어지면서 태양빛이 지면까지 도달하는 밝은 '화초 군락지'가 나타난다. 삼림한계 이상의 경우는 암괴의 사면이나 암설 사면이 계속 이어지다가 갑자기 노란색과 흰색의 고산식물이 흐드러지게 피어 있는 '화초 군락지'가 펼쳐진다. '삼림한계'라는 것은 삼림이 분포하는 상한上限에 해당되며 그곳보다 높은 고도에는 바위가 데굴데굴 굴러 퇴적이 되고 그 중간중간에 '화초 군락지'가 분포하는 고산대가 형성되어 있다.

나는 졸업 논문으로 남알프스의 '화초 군락지'가 성립된 환경에 관한 조사를 했었다. 나가노현과 시즈오카현의 경계에 있는 산푸쿠토게三伏峠, 적석산맥에 있는 고개로, 일본 최고(2,580미터)의 고개나 기타아라가와다케, 히지리다이라 등 삼림한계 이하인 장소에도 '화초 군락지'가 형성되어 있었는데, 조사를 해보니 그곳에는 공통점이 있었다. 그곳들은 전부 골짜기의 원두부源頭部로, 능선 최저안부最低鞍部, 능선상 해발이 제일 낮은 지점의 풍하측에 위치하고 있다는 점이었다. 풍상측의 골짜기를 따라 불어오는 바람이 능선의 최저안부를 지나 풍하측 사면으로 지나가는 장소인 것이다. 즉, 빙하기 이후 삼림한계가 상승하긴 했지만 지나가는 그 장소만 삼림으로 덮이지 않았고 국소적인 '화초 군락지'가 형성되었다고 추측된다.

빙하지형인 카르가 형성되어 있는 고도의 하한下限은 현재의 삼림한계(일본알프스에서는 2,500미터)에 위치하고 있다. 일본에서는 이 삼림한계 부근에 눈잣나무가 분포하고 있으므로 이 눈잣나무를 발견하게 된다면 그곳이 삼림한계 부근이라고 생각하면 된다.

'화초 군락지'가 이루어지는 원인 및 온난화에 의한 사슴 수의 증가와 피해

나는 1981~1982년 남알프스 전역(북쪽인 가이코마가타케에서부터 남쪽의 데카리다케까지)의 '화초 군락지'를 조사했다. 도표 4-17, 4-18, 4-19는 그중 가이코마가타케와 센조가타케의 산역을 제외한 기타다케에서부터 데카리다케까지를 그림과 도표로 그린 것이다. 남알프스의 '화초 군락지'는 지형의 타입에 따라 6개로 분류할 수 있으며, 특히 Ⅰ: 아고산대풍배완사면

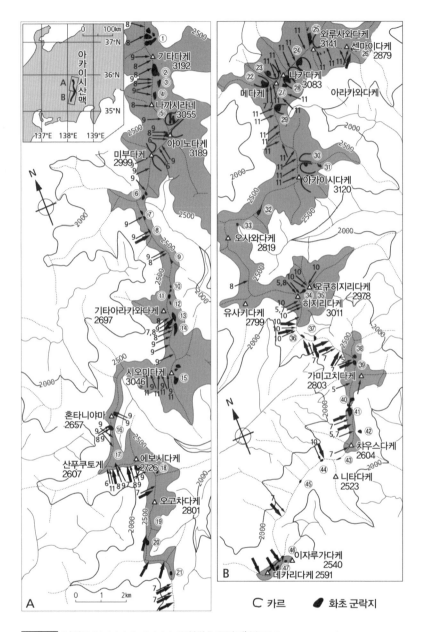

도표 4-17 남알프스(기타다케-데카리다케)의 '화초 군락지' 분포(미즈노, 1984; 1999)

* 실선으로 표시된 부분은 간이풍속계(얇은 실선)와 편형수(偏形樹, deformed tree, 두꺼운 실선)를 통해 관측된 풍향을 나타냄. 숫자는 관측된 달을 의미함. ① ∼ ㊼ : 조사 지점

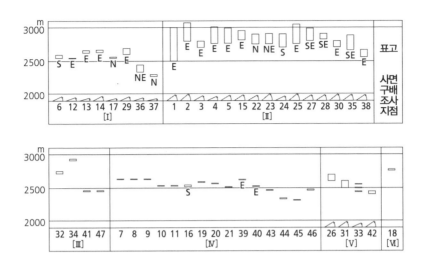

도표 4-18 지형 타입별 '화초 군락지'가 분포하고 있는 해발과 사면의 방향, 경사(미즈노, 1984; 1999)

* Ⅰ: 아고산대풍배완사면형, Ⅱ: 고산대요형풍배급사면형, Ⅲ: 대규모선상요지형, Ⅳ: 소규모선상요지형, Ⅴ: 연못변의 사면형, Ⅵ: 설와형, S, E, N 등: 사면 방향. 조사 지점은 도표 4–17과 같다.

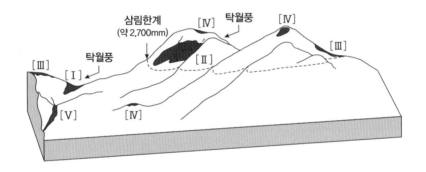

도표 4-19 남알프스 '화초 군락지'의 분포 모형도(미즈노, 1999)

형亞高山帶風背緩斜面型, Ⅱ: 고산대요형풍배급사면형高山帶凹型風背急斜面型, Ⅲ: 대규모선상요지형大規模線狀凹地型에 주된 '화초 군락지'를 이루고 있다(미즈노, 1984: 1999). 그리고 2011~2012년에 또다시 남알프스의 '화초 군락지'를

남알프스 산푸쿠토게의 '화초 군락지'. 삼림한계 이하이면서 능선의 안부라는 지형의 특성 때문에 바람이 빠져나가 삼림이 침입하기 어려운 환경이 되어 있다.

조사하였으며 그 30년간의 변화를 검토했다.

　산푸쿠토게(도표 4-17, 4-18의 17지점)의 '화초 군락지'는 산맥 능선의 안부鞍部에 위치하고 있기 때문에 풍상측이 골짜기 원두源頭에 닿아 붕괴지가 보이며 풍하측은 완사면으로 형성되어 있다(사진 4-22). 그 안부에 골짜기를 따라 수렴해온 골짜기 바람이 지나가기 때문에 '화초 군락지'를 형성하고 있던 안부는 다른 장소에 비해 바람이 강해진다. 이것은 능선을 따라 관측한 풍속을 통해 증명되었지만 '화초 군락지' 주변의 편형수바람이 불어오는 방향의 가지가 강풍에 의해 마르면서 깃발과 같은 형상을 하고 있는 수목(사진 4-23)의 분포를 보아도 짐작할 수 있다. 그렇기 때문에 이런 강한 바람이 풍하측 완사면에 원래부터 형성되어 있어야 할 삼림을 후퇴시키거나, 혹은 최종빙하기 이후의 삼림한계의 상승을 국지적으로 방해했다. 그래서 삼림한계 이하의 해발임에도 무

립목無立木의 공간이 발생하였
고 그곳에 초목식물이 진입하
면서 '화초 군락지'가 형성되었
다고 짐작할 수 있다. 이런 '화
초 군락지'를 I : 아고산대풍배
완사면형으로 정했다. 이 타입
은 기타아라가와타케나 히지리
다이라에서도 볼 수 있다.

산푸쿠토게(해발 2,580미터)
'화초 군락지'의 식생은 1991
~1992년에는 애기금매화나
애기미나리아재비가 우점하였
고 그 외에 꿩다리, 하쿠산 쥐
손이풀, 쥐손이풀, 손바닥나비

사진 4-23 산푸쿠토게에서 볼 수 있는 편형수. 바람
위쪽 부분의 가지가 꺾여 있기 때문에 탁
월풍항임을 알 수 있다.

난초, 곰취, 미야마시시우도, 왜우산풀 등이 분포해 있었다(사진 4-24, 4-25).
하지만 2012년에는 사슴에 의해 식생이 총괄적으로 파괴되고 피해를 입게
되어 현재의 '화초 군락지'에는 울타리가 둘러져 보호를 받고 있었다(사진
4-26). 최근 아고산대 상부까지 사슴이 올라와 '화초 군락지'의 식생을 먹어
치우며 파손시켰기 때문에 화초 군락지를 보호하기 위해서 울타리를 두르
게 된 것이다.

울타리 밖에는 관모박새가 식피율 50~70퍼센트를 차지하였고 그 밖에
는 호소바토리카부토(Aconitum senanense, 미나리 아재비과 바꽃속 다년초)나
흰땃딸기 등이 분포해 있다(표 4-4, 사진 4-27). 관모박새나 호소바토리카부
토는 사슴이 먹지 않는 식물이라고 추정된다.

사진 4-24 남알프스 산푸쿠토게의 '화초 군락지'(1981~1982년). 애기금매화나 애기미나리아재비, 꿩다리 등이 우점하고 있었다.

사진 4-25 남알프스 산푸쿠토게의 '화초 군락지'(1981~1982년경). 애기금매화나 애기미나리아재비, 꿩다리 등이 우점하고 있었다.

사진 4-26 산푸쿠토게의 '화초 군락지'(2011~2012년). 사슴에 의한 피해로부터 '화초 군락지'를 지키기 위해 울타리가 둘러져 있다. 울타리 바깥으로 사슴이 먹지 않는 관모박새가 눈에 띈다.

사진 4-27 산푸쿠토게 '화초 군락지'(2011~2012년). 울타리 바깥으로 사슴이 먹지 않는 관모박새가 눈에 띈다.

히지리다이라(해발 2,370미터)의 '화초 군락지'(도표 4-17, 4-18 중 37지점)도 능선 안부의 풍하측에 위치하고 있다(사진 4-28). 여기에는 많은 침엽수가 고사되어 있고 그 잔해를 볼 수 있었다(사진 4-29).

침엽수가 언제 이렇게 말라죽게 되었는지 문헌을 통해 알아본 결과,

산푸쿠토게 (2,580m)/1981~82년	2012년(울타리 바깥쪽)	2012년(울타리 안쪽)
애기금매화○ 애기미나리아재비○ 꿩다리○ 쿠로유리○ 씨범꼬리 쥐손이풀 곰취 호테이 복주머니란 좀양지꽃 미야마 민들레 바람꽃 송이풀 솔체꽃	관모박새4 흰땃딸기1 호소바토리카부토1 엉겅퀴류＋ 오노에린도우＋ 꿩다리＋ 애기미나리＋ 하쿠산 쥐손이풀＋ 미야마시시우도＋ 볏과＋ 멧수영＋	애기미나리3 씨범꼬리3 볏과2 꿩다리1 오노에린도우1 관모박새＋ 미야마 민들레＋ 바람꽃＋ 멧수영＋ 하쿠산 쥐손이풀＋ 말나리
식피율(1981~82년)*	○: 우점종 〉20%	* 식피율: 겨울 식물종이 지표를 덮은 비율
식피율(2011~12년)	+:〈1% 1:1~10% 2:10~30% 3:30~50% 4:〉50%	

표 4-4 남알프스 산푸쿠토게의 '화초 군락지' 우점종의 30년간의 변화

사진 4-28 남알프스 히지리다이라의 '화초 군락지'(1981~1982년). 삼림한계 이하이며 능선의 안부라는 지형적 특징으로 인해 바람이 지나쳐 가므로 삼림이 침입하기 힘든 환경이 되었다.

사진 4-29 남알프스 히지리다이라의 '화초 군락지'(1981~1982년). 1959년의 이세만 태풍으로 수목이 쓰러지고 그 공간에 '화초 군락지'가 형성되었으나 어린 나무들이 침입하고 있다.

히지리다이라(2,370m)/1981~82년	2011년(울타리 바깥쪽)	2011년(울타리 안쪽)
각시원추리○ 애기미나리아재비 하쿠산 쥐손이풀 꿩다리 이부키토라노오 쥐손이풀	관모박새2 이와오토기리2 금방동사니2 볏과2 호소바토리카부토＋ 흰땃딸기＋	에조시오가마2 꿩다리2 에조시오가마2 각시원추리1 이부키토라노오1 멧수영1 엉겅퀴류1 갯방동사니과1 지의류1 애기미나리아재비＋ 이와오토기리＋ 볏과＋ 양치식물(고사리)류＋

표 4-5 남알프스 히지리다이라의 '화초 군락지' 우점종의 30년간의 변화
* 식피율의 구분은 표 4-4와 동일

1959년 이세만 태풍의 영향이 원인이었음이 판명되었다. 즉, 그때까지 침엽수림대였던 히지리다이라는 주변 일대가 최저안부라는 지형적 특성 때문에 이세만 태풍이 왔을 당시 강풍이 집중되었고 침엽수들이 쓰러지게 되었다. 그 결과로 생긴 공간에 태양의 빛을 받아 초목식물이 자라났고 '화초 군락지'가 형성되었다.

하지만 그 이후 그곳에 어린 침엽수가 자라나면서 점점 원래의 침엽수림대로 복원되어가고 있었다. 이곳은 각시원추리가 아주 아름다운 곳이었다(사진 4-30). 1981~1982년에는 각시원추리가 우점하고 있었으나(사진 4-31) 2011년, 보호받고 있던 울타리 안의 각시원추리는 아주 간신히 보일 정도였고(사진 4-32) 울타리 바깥에는 관모박새가 식피율 30~50퍼센트를 차지했다. 그 외에는 호소바토리카부토, 이와오토기리, 애기미나리 등이 분포하고 있었다(표 4-5, 사진 4-33).

사진 4-30 남알프스 히지리다이라의 화초 군락지(1981~1982년). 각시원추리가 우점하고 있다.

사진 4-31 남알프스 히지리다이라의 화초 군락지(1981~1982년). 각시원추리가 우점하고 있다.

사진 4-32 남알프스 히라시다이라의 화초 군락지(2011~2012년). 사슴으로 인한 피해를 막기 위해 각시원추리를 그물로 싸놓았다.

사진 4-33 남알프스 히지리다이라의 화초 군락지(2011~2012년). 울타리 바깥은 사슴이 먹지 않는 관모박새가 생육하고 있다.

남알프스 기타아라가와다케의 화초 군락지(1981~1982년). 삼림한계 이하이면서 능선의 안부라는 지형적 특성으로 인해 바람이 지나간다. 이 때문에 삼림이 침입하기 어려운 환경으로 변했다.

남알프스 기타아라가와다케의 화초 군락지에서 쉽게 볼 수 있는 호테이 복주머니란 (1981~1982년)

사진 4-36 남알프스의 기타아라가와다케의 화초 군락지(1981~1982년). 애기금매화, 애기미나리아재비, 쥐손이풀이 우점하고 있다.

사진 4-37 남알프스 기타아라가와다케의 화초 군락지(2011~2012년). 곰취가 우점하고 있다.

기타아라가와다케(2,650m) 1981~82년		2012년
애기금매화○	쥐손이풀	곰취3
애기미나리아재비○	왜우산풀	흰땃딸기3
곰취○	미야마시시우도	장백제비꽃2
좀양지꽃○	호테이 복주머니란	다카네코우린카1
멧수영	미야마 민들레	백리향1
하쿠산 쥐손이풀	바람꽃	하쿠산 쥐손이풀 +
우사기기쿠	호소바토리카부토	애기미나리아재비 +
꿩다리	말나리	
시범꼬리	왜솜다리	

표 4-6 남알프스의 키타아라가와다케 '화초 군락지' 우점종의 30년 동안의 변화

* 식파율의 구분은 표 4-4와 동일

사진 4-38 남알프스 구마노다이라의 화초 군락지(1981년~1982년). 삼림한계 이하이고 능선의 안부라고 하는 지형적 특성에 따라 바람이 지나쳐가는 길목이라 삼림이 침입하기 힘든 환경이 되어 있다.

사진 4-39 남알프스 구마노다이라의 화초 군락지(1981~1982년). 손바닥나비난초가 우점하고 있다.

기타아라가와다케(해발 2,650미터)의 '화초 군락지'(도표 4-17, 4-18의 13지점)도 삼림한계 이하로 능선의 안부에 위치한 풍상측이 골짜기의 원두에서 붕괴하고 있었다. 그 골짜기 바람이 안부를 빠져나갔고 풍배측의 완사면으로 바람이 지나갔다(사진 4-34). 그리고 겨울철에는 꽤 많은 적설이 보였다. 이곳의 '화초 군락지'에서는 관상용으로 많이 꺾어가는 호테이 복주머니란을 볼 수 있었다(사진 4-35). 1981~1982년 7월 하순에 애기금매화, 애기미나리아재비, 쥐손이풀 등이 우점하여 개화했고 8월에는 한쪽 면 전체에 곰취가 개화하고 있었다(사진 4-36). 하지만 2012년 7월 하순, 70~90퍼센트를 점유하고 있던 것은 사슴이 먹지 않는 곰취였다(표 4-6, 사진 4-37).

구마노다이라(熊ノ平, 도표 4-17, 4-18의 6지점)도 붕괴된 골짜기의 원두에 해당하는 능선 안부의 풍상측 사면에 위치한다(사진 4-38). 1981~1982년

사진 4-40 남알프스 구마노다이라의 화초 군락지(1981~1982년). 말나리가 우점하고 있다.

사진 4-41 남알프스 구마노다이라의 화초 군락지(2011~2012년). 곰취가 우점하고 있다.

에는 손바닥나비난초나 말나리가 우점하던 '화초 군락지'였으나(사진 4-39, 4-40) 2012년에는 곰취가 우점하고 있었다(사진 4-41).

이렇게 산푸쿠토게나 히지리다이라, 기타아라가와다케, 구마노다이라 등 삼림한계(해발 약 2,650미터) 이하의 '화초 군락지'에 사는 식생은 사슴의 영향을 크게 받고 있었다. 최근 사슴으로 인한 피해가 아고산대까지 영향을 끼친 것은 온난화에 의해 사슴이 혹독한 겨울을 지내게 되었고 아고산대까지 행동 범위를 넓힌 사슴의 개체수가 증가된 것이 원인이라고 추측된다.

남알프스 고산대의 식생 변화

이와 같이 삼림한계 이하에서 볼 수 있는 화초 군락지에는 Ⅲ: 대규모 선상요지형의 타입이 존재한다(도표 4-17, 4-18, 4-19 참조). 단층의 움직임에 의해 이중산릉두 개의 능선이 거의 평행하게 늘어서 있는 지형이 생기고 능선과 능선의 사이에는 선상요지라는 직선상의 움푹 파인 지형이 형성된다.

남알프스 가미코지다케 남쪽에 위치한 선상요지는 산맥과 평행하게 활동하는 정단층에 의해 산의 높은 부분이 산등성이와 평행하게 떨어지면서 그곳에 요지凹地가 생겼다(도표 4-17, 4-18의 41지점)(사진 4-42). 이 지역은 서풍이 부는 곳이지만 선상線狀에 길게 이어져 있는 와지 쪽에 남쪽에서 북쪽으로 바람이 지나치며 그로 인해 북측의 침엽수는 편형수가 되어 있다(사진 4-43).

또한 이 와지의 남서부에는 1982년 5월 하순에 깊이 50~100센티미터의 잔설이 내렸고 그곳에 쌓인 눈 전체가 녹은 시기는 5월 하순~6월 하순이라고 예측되었다. 폐쇄 요지물이 빠져 나갈 수 있는 곳이 어디에도 없는 요지이므로 융설기나 장마철 등의 다간기多間期에는 습윤한 환경으로 변하게 된다. 이곳에는 천연기념물로 지정된 '귀갑상토'亀甲狀土, 거북딱지 모양의 육각형의 연속된 무늬로 이

사진 4-42 남알프스의 가미코치산 남쪽 단층에 의한 이중산릉에서 이루어진 선상요지. 산림이 후퇴하고 초여름에는 '화초 군락지'가 된다.

사진 4-43 가미코치산 남쪽 선상요지의 '화초 군락지'. 바람이 남에서 북으로 불면서 북쪽의 침엽수는 평형수가 되었다.

사진 4-44 선상요지에서 볼 수 있는 역질원형토의 구조토. 귀갑상토라고 불린다.(1981~1982년)

사진 4-45 선상요지의 '화초 군락지'(1981~1982년). 암고란, 미야마바이케이소우, 교자닌니쿠, 애기금매화 등이 보인다.

가미코지다케 남선상요지(2,420m)	
1981~1982년	2011년
암고란○	암고란3
관모박새	작은 넝쿨가가미2
교자닌니쿠	칭구루마2
애기금매화	금방동사니과2
애기미나리아재비	볏과1
하쿠산 쥐손이풀	혼도미야마네즈1
단풍잎펑의다리	큰두루미꽃1
손바닥나비난초	양치식물(풀고사리)1
월귤	하쿠산 쥐손이풀+
금방동사니과	이와오토기리
	고바노코고메구사+
	눈잣나무 실생+
	이부키토라노오+
	관모박새+
	교자닌니쿠+

표 4-7 남알프스 가미코지다케 남선상요지의 '화초 군락지' 우점종의 30년간의 변화

* 식피율의 구분은 표 4-4와 동일

루어진 다각구조토라 부르는 구조토의 한 종류인 역질원형토를 볼 수 있다(사진 4-44). 하지만 식물에 둘러싸여 있었기 때문에 지표가 심하게 이동했던 과거 시기에 형성되었고, 현재는 그 움직임이 멈춰 있는 '화석구조토'다. 또한 돔 형태 구조토의 한 종류인 유상구조토도 볼 수 있다.

1981~1982년, 이곳 '화초 군락지'에는 암고란, 관모박새, 교자닌니쿠, 애기금매화, 애기미나리아재비, 하쿠산 쥐손이풀이 우점하고 있었으나(사진 4-45), 2011년에는 애기금매화나 애기미나리아재비가 보이지 않고 금방

사진 4-46 선상요지의 '화초 군락지'(2011~12년). 암고란, 작은 넝쿨가가미, 칭구루마, 금방동사니과, 벗과의 풀이 우점하고 있다.

사진 4-47 히지리다케산 정상과 오쿠히지리다케산 정상 사이 능선에 있는 선상요지(해발 2,900m)의 '화초 군락지'(2011~2012년)

히지리다케~오쿠히지리다케 선상요지(2,880m)	
1981~1982년	2011년
푸른 가솔송○	푸른 가솔송2
칭구루마○	칭구루마2
우사기기쿠○	암고란2
	로우셀레우리아2
	작은 넝쿨가가미1
	다카네야하즈하하코1
	우사기기쿠1
	미야마다이콘소우+
	눈잣나무 실생+
	장백제비꽃+

표 4-8 남알프스 히지리다케–오쿠히지리다케 선상요지의 '화초 군락지' 우점종의 30년간의 변화
* 식피율의 구분은 표 4–4와 동일

동사니과, 그리고 볏과의 식물이 늘어나 있었다(표 4-7, 사진 4-46).

히지리다케산 정상과 오쿠히지리다케奧聖岳, 히지리다케의 동측 약 500미터 지점 사이의 능선에 있는 선상요지(해발 2,900미터)의 '화초 군락지'(도표 4-17, 4-18의 34지점)는 삼림한계 이상에 있는 'Ⅲ: 대규모 선상요지형'에 해당한다(사진 4-47). 요지이기 때문에 늦게까지도 눈이 남아 있다. 1981~1982년에는 설전식생雪田植生인 푸른 가솔송, 칭구루마, 우사기기쿠가 우점하였고 2011년에는 푸른 가솔송, 칭구루마, 암고란, 로우셀레우리아가 각각 식피율 10~30퍼센트를 차지하고 있었다(표 4-8, 사진 4-48, 4-49, 4-50).

내가 포함된 연구 그룹(GENET, Geoecological Network)은 1995년부터 기소코마가다케木曽駒ヶ岳, 일본 중앙알프스에 위치의 지표에 오각형 모양의 아크릴판을 두른 개방형 온실을 설치하였다. 그리고 온실 안에서 1~2도가량의 기

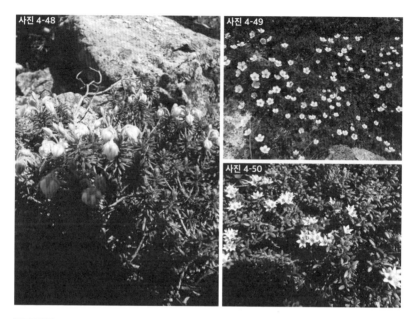

사진 4-48 히지리다케산 정상과 오쿠히지리다케산 정상의 사이 능선에 있는 선상요지(해발 2,900m)의 '화초 군락지'(2011~2012년) 우점종인 푸른 가솔송

사진 4-49 히지리다케산 정상과 오쿠히지리다케산 정상의 사이 능선에 있는 선상요지(해발 2,900m)의 '화초 군락지'(2011~2012년) 우점종인 칭구루마

사진 4-50 히지리다케산 정상과 오쿠히지리다케산 정상의 사이 능선에 있는 선상요지(해발 2,900m)의 '화초 군락지'(2011~2012년)에 있는 우점종인 로우셀레우리아

사진 4-51 남알프스 아라가와다케 카르의 '화초 군락지'

사진 4-52 남알프스 아라가와다케 카르의 애기미나리아재비와 바람꽃으로 이루어진 '화초 군락지'(1981~1982년)

온이 상승함에 따라 식물의 생활사, 분포, 생산량이 어떻게 변화하는지를 모니터링했다(제5장 참조). 약 20년간 계속해서 관찰해온 바에 따르면, 기온 상승에 의해 가장 분포가 확대된 것은 암고란이었으며 로우셀레우리아도 증가되었음을 알 수 있었다. 히지리다케의 선상요지에서도 그 종의 분포가 확대되었고 그것을 통해 온난화의 영향이 나타났음을 알 수 있었다.

Ⅱ: 고산대요형풍배급사면형인 '화초 군락지'(도표 4-17, 4-18, 4-19)는 삼림한계 이상의 빙하지형 '카르'에서 주로 볼 수 있다(사진 4-51). 절구 모양의 지형인 카르에는 늦게까지 눈이 남아 있기 때문에 그 눈이 녹은 물이 초여름 고산식물의 성장을 촉진시켜 애기금매화, 애기미나리아재비/바람꽃 등으로 이루어진 화초 군락지를 만들어주었다(사진 4-52).

이것은 남알프스가 태평양 측에 위치해 있기 때문에 북알프스보다 적설이 많지 않고, 카르 지형은 '화초 군락지'를 만들기에 좋은 조건을 가진 환경이기 때문이라 생각된다. 현재 고산대까지는 사슴으로 인한 피해가 닿지 않았다. 그래서 이런 타입의 화초 군락지는 온난화의 영향을 받기는 했지만 사슴에 의한 식생의 큰 변화는 아직까지는 찾아볼 수 없다.

제5장

10년간의 기후변동
– 삼림 고사와 홍수

나미브사막에는 1년에 수일에서 수십 일가량만 물이 흐르는

계절하천이 있고 그 강변에만 삼림이 분포되어

사람들이 거주하고 있다. 그런 삼림의 모습도

2004년과 2012년을 비교해보면 크게 달라졌음을 알 수 있다.

왜일까?

1.
극감하는 홍수의 양과
삼림의 고사

나미브사막의 계절하천을 따라 일어나는 삼림의 변화

사막이나 고산대 등의 한계지대에서는 21세기에 들어와서 어떤 식생의 변화가 일어나고 있을까? 제5장에서는 최근 10년의 변화에 주목해보고자 한다.

나미브사막에는 1년에 수일에서 수십 일만 물이 흐르는 계절하천와디wadi, 비가 올 때만 물이 흐르는 마른 강이 있다. 계절하천은 주변에 삼림이 분포하고 있는데 2004년(사진 5-1)과 2012년(사진 5-2)을 비교해보면 그 모습이 크게 변해 있다.

나미브사막의 과거 50년 동안의 강수량을 보면 1970년대~1990년대에 비해 2000년 이후 강수량이 유난히 많았던 해가 눈에 띈다(도표 5-1). 또한 계절하천에 물이 흘렀던 홍수 일수를 보면 1980~1985년은 매년 거의 0일이었다(도표 5-2).

내가 2001년에 조사를 시작했을 당시 계절하천을 따라 삼림이 여기저기

사진 5-1 나미브사막의 계절하천인 쿠이세브강 연안의 식생 경관(2004년)

사진 5-2 나미브사막의 계절하천인 쿠이세브강 연안의 식생 경관(2012년)(사진 5-1과 동일 지점)

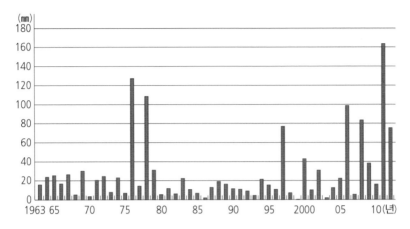

도표 5-1 1962~2012년 나미브사막(Gobabeb)에서의 강수량(mm)

* 1962~1984: Seely et al.,1981; Ward and Brunn, 1985, 1985~2012; Desert Research Foundation of Namibia의 데이터 인용

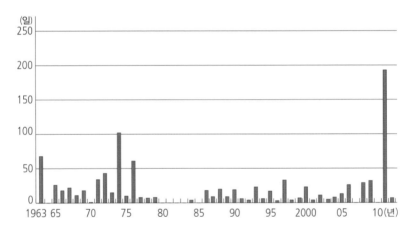

도표 5-2 1962~2012년 나미브사막(Gobabeb)에 있는 쿠이세브강의 연간 홍수 일수

* 1962~1984: Seely et al., 1981; Ward and Brunn, 1985, 1985~2012; Desert Research Foundation of Namibia의 데이터 인용

에 고사되어 있었는데(사진 5-3) 그 마른 수목의 가지 끝(가장 마지막에 성장된 부분)을 가져와 방사성탄소의 농도를 측정했다. 방사성탄소의 연대 측정

사진 5-3 나미브사막의 계절하천인 쿠이세브강 연안의 삼림에서 대량으로 고사된 수목(2002년)

은 수십 년 전 정도 되는, 즉 아직 최근인 연대를 측정하는 것이 불가능하기 때문에 세계 각지에서 구한 방사성탄소 농도의 데이터를 모아서 그래프를 작성했고 그 그래프와 수목 가지의 방사성탄소 농도를 대조해보았다(도표 5-3). 세계 각지에서 관측된 방사성탄소의 농도는 부분적 핵실험금지조약이 체결된 1963년을 정점으로 그 후 점점 감소되는 경향을 가지고 있다.

측정한 방사성탄소의 농도를 도표 5-3 그래프와 비교한 결과 삼림이 고사한 연대는 1976~1987년이라는 추정이 나왔다. 이 1976~1987년의 연대는 쿠이세브강의 고바베브에 거의 홍수가 일어나지 않았던 시기에 해당된다(도표 5-2 참조).

홍수가 일어났을 때 그 홍수에 의해 퇴적한 모래가 1975년까지의 것이라면 그 모래는 가끔씩 일어나는 홍수에 의해 씻겨 없어졌고 또한 물의 함양涵養도 있기 때문에 삼림이 고사되는 일은 없었을 것이다. 하지만 1976년부터

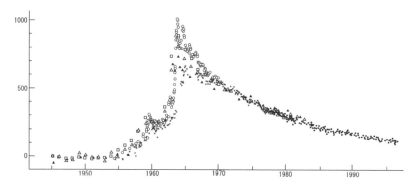

□ 뉴욕(40° 18′N, 74° 0′W)　　　○ 버몬트(47′N, 10E) ; 호로닝겐(53′N, 6′E) ; 하이델베르크(49′N, 9′E)
△ 기후 현(일본) (35′N, 137′E)　　● 샤우인스란트(47′N, 7′E)
▲ 말레이시아(6′N, 117′E)　　　　× 프리토리아(26′S, 28′E) ; 바릴로체(41′S, 71′W)

도표 5-3 세계 각지에서 측정된 14C 농도(나카무라 외, 1987; Levin and Kromer 외, 2002; 미즈노, 2005a)
＊1963년에 미국, 영국, 소련 3국에 의해 부분적 핵실험금지조약이 체결되고부터 방사성탄소는 감소되고 있다.

1987년까지인 12년간은 홍수가 52일(4.3일/1년)로 급격하게 줄었고, 특히 1980년부터 1985년까지 6년간은 거의 홍수가 없었다. 그로 인해 모래가 퇴적된 채 수목이 그 모래에 그대로 묻히는 상태가 이어졌고, 홍수나 물안개 때문에 지표의 수분 공급이 힘들어지면서 고사되었다고 추측된다. 혹은 홍수의 감소에 의한 지하수위의 저하도 생각해볼 수 있다.

이처럼 홍수에 의한 물의 함양이 쿠이세브강 연안 삼림에 상당히 중요하다는 점을 짐작할 수 있다(사진 5-4, 5-5)(미즈노, 2005a, 2016).

하지만 그때까지는 적었던 강수량이 2006년 1월부터 4월, 4개월 사이에 총 100밀리미터 가까이 되었다(도표 5-1 참조). 그리고 고바베브 부근의 나미브사막(2001년, 사진 5-6)은 2006년 8월 볏과가 자라는 초원으로 변화되기 시작했다(사진 5-7). 모래 속에 보존되어 있던 식물의 종자들이 비가 내리면서 일제히 발아한 것이다.

사진 5-4 평소에는 물이 흐르지 않는 계절하천인 쿠이세브강

사진 5-5 홍수가 났을 당시 쿠이세브강(2004년 1월 18일 (수위 1.7미터에서) 4일간 지속적으로 촬영; Andrea Schmitz 촬영)

사진 5-6 고바베브 부근 나미브사막(2001년)

사진 5-7 고바베브 부근의 나미브사막(2006년). 볏과의 초원으로 변화되어 있다.

쿠이세브강 연안의 삼림지대로 그때까지는 민둥한 땅(나지)이었던 곳이 어린나무에 덮여 있다(2006년 8월). 조사를 위해 방형구를 설치했다.

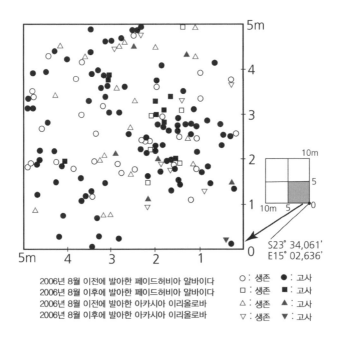

2006년 8월 이전에 발아한 페이드허비아 알바이다   ○ : 생존   ● : 고사
2006년 8월 이후에 발아한 페이드허비아 알바이다   □ : 생존   ■ : 고사
2006년 8월 이전에 발아한 아카시아 이리올로바   △ : 생존   ▲ : 고사
2006년 8월 이후에 발아한 아카시아 이리올로바   ▽ : 생존   ▼ : 고사

도표 5-4 설치한 방형구를 통한 2007년 8월 어린나무의 분포

		2006년 8월	2007년 8월	
페이드허비아 알바이다	생존	219	66(+11)	77
	고사		153(+10)	63
아카시아 이리올로바	생존	107	71(+43)	114
	고사		36(+4)	40

표 5-1 나미브사막의 방형구(도표 5-4) 내, 어린나무의 개체수 변화

2006년 8월, 쿠이세브강 연안의 삼림지대에서도 그때까지는 수목이 생육하지 않았던 장소에 어린나무들이 일제히 자라고 있었다(사진 5-8). 그래서 그 장소에 10미터의 4방 방형구方形區를 설치하여 식생의 변화를 관측했다. 1년 동안 페이드허비아 알바이다Faidherbia albida라는 어린나무는 고사된 것이 많았지만, 아카시아 이리올로바는 생존하고 있는 어린나무들이 많이 존재했다(도표 5-4, 표 5-1).

그리고 2007년 11월, 아마도 2006년 1월~4월의 강수로 인해 발아된 것으로 예상되는 지상부의 길이가 10센티미터 정도 되는 아카시아 이리올로바의 어린나무가 생육하고 있는 장소(사진 5-9)를 파고 그 뿌리를 추적했다. 그 뿌리는 길이가 230센티미터 이상이었다. (지면을 파내어 230센티미터까지 추적했고 남은 뿌리가 이어지고 있었지만 그 이상은 추적이

사진 5-9 지상부의 길이가 10센티미터인 아카시아 이리올로바의 어린나무가 자라고 있는 장소(2007년 11월). 2006년 1월~4월의 강수로 발아되었다고 추측된다.

불가능했다.)(사진 5-10)

뿌리는 주근主根이 모래 안의 깊숙한 곳까지 뻗어 있었으며 중간중간에 있는 실트층모래보다 고운 입자에 곁뿌리를 뻗치고 있어서 그곳에 보유된 수분을 흡수할 수 있었다고 추측된다. 토양은 입자가 고울수록 수분을 보유할 수 있는 확률이 높기 때문이다.

하지만 그 아카시아 이리올로바도 성목成木이 되고 나면 지표의 얕은 부분에 많은 곁뿌리를 뻗치고 있었다(사진 5-11, 5-12). 강수량이 적

사진 5-10 지상부의 길이가 10센티미터인 아카시아 이리올로바의 어린나무 뿌리. 뿌리의 길이는 230센티미터 이상이다.

은 나미브사막도 가끔은 안개가 발생했고(사진 5-13) 지표를 적셔주었기 때문일 것이다. 그 지표 부근의 수분을 지표의 얕은 부분을 두르고 있던 곁뿌리가 흡수했다고 추측된다.

제3장에서 1,000년 단위의 시간으로 나미브사막의 건조와 사막의 확대에 대해 살펴보았는데, 2011년에 고바베브의 강수량이 160밀리미터를 넘겼고(과거 50년간의 평균 강수량은 27밀리미터) 고바베브 쿠이세브강의 홍수 일수는 관측 사상 최고인 193일에 달했다. 이렇게 최근 들어 많은 비가 내리면서 고사해가던 계절하천 연안의 삼림지대에 새롭게 어린나무가 발아했다. 이런 이유로 커다란 경관의 변화를 가져왔다. 최근의 이런 극단적인

사진 5-11 아카시아 이리올로바의 성목. 지표가 낮은 부분에 많은 곁뿌리를 늘어뜨리고 있다.

사진 5-12 강바닥으로 쓰러져 있는 아카시아 이리올로바 성목. 방대하고 얕은 뿌리를 가지고 있다.

나미브사막의 아침에 발생하는 안개. 이른 아침에는 내륙까지 더욱 안개가 진입하고 태양이 뜨면서 기온이 높아짐에 따라 해안까지 후퇴하면서 사라져간다.

강수량의 증가 현상도 온난화의 영향이라고 알려져 있다.

그리고 2013년 이후에는 다시 강수량이나 홍수 일수가 감소해 가뭄이 일게 되었다.

토프나르족 사람들

쿠이세브강 유역에 살고 있는 사람들은 토프나르Topnaar라 불리는 방목민이다. 그들은 코이산인종 중 코이(코이코이)인에 포함되는 나마족 사람들과 한 민족이다. 그들의 생활에 있어 가장 중요한 식물이 바로 '나라Nara'다. 나미브사막에는 박과의 다년생 초본식물인 나라Acanthosicyos horridus라고 하는 고유종이 자라고 있다(사진 5-14). 토프나르라는 별칭은 나라에서 파생된 나라닌'나라에 의지하는 사람들'이란 의미으로, 그들의 문화에 있어 나라가 얼마나 중요

사진 5-14 나라를 채집하는 모습. 나라 결실기는 매년 12~3월경이다(촬영: 토비야마).

한가를 나타내고 있다.

　나라라는 과실(나라멜론)은 과육에 풍부한 수분을 보유하고 있는 계절에는 생으로 먹을 수 있으며 나라가 생산되는 시기에는 토프나르 사람들에게 거의 유일한 식량이 되어준다. 또한 과육 부분을 찌면 묽은 스프로 변하는데 거기에 옥수수 가루를 섞어 달달한 죽을 만들어 먹는다(Wyk and Gericke, 2000).

　앞서 말한 것처럼 나라는 칼라하리분지가 원산지인 수박과 같고, 길게 뻗은 뿌리로 깊은 지하수에서 수분을 흡수해서 실제로 수분을 저장시키는 건조지 특유의 구조를 가지고 있다. 따라서 나라와 수박은 건조지에서 살아가는 사람들의 중요한 수분원이 되어주고 있다. 또한 나라에 포함된 많은 씨는 식용 또는 채유용採油用으로 마을에서 팔리기 때문에 토프나르의 사람들에게 있어 중요한 현금 수입원이 되어주고 있다.

쿠이세브강 하류 유역에는 나라가 넓게 생육하고 있는 '나라 필드'라는 지역이 있다. 토프나르 사람들은 자연에 자라는 나라를 12~3월에 수확하고 식량이나 현금의 수입원으로 사용하고 있다.

하지만 1961년 건설된 댐에 의해 그곳보다 하류 쪽에 위치한 나라 필드에는 강의 범람이 없어졌고 다량의 나라가 고사했다. 강의 범람은 나라가 갱신할 수 있도록 커다란 역할을 해주고 있었음을 예측할 수 있다.

고목高木인 아카시아 이리올로바는 쿠이세브강 유역의 가장 건조한 장소에 자라고 있는 고목이다. 땔감 자원으로서도 중요하며 수지(樹脂, 나무진액)를 볶은 것은 기침과 감기, 결핵에도 사용되며 나무껍질을 볶은 것은 설사를 할 때 이용된다. 뿌리를 볶은 것은 기침이 나올 때 복용하거나 코피가 날 때 사용된다(Wyk and Gericke, 2000). 기근이 들었을 때 토프나르 사람들은 씨를 감싸고 있는 부분의 과육을 먹는다. 구운 씨는 커피의 대용품으로서도 사용된다. 하지만 이 나무가 가장 중요하게 이용되는 것이 있는데, 사막에 있는 사람이나 야생동물에게 응달을 만들어주어 피난소 역할을 한다는 것이다(Craven and Marais, 1986). 토프나르 사람들은 염소를 목축하는데 염소는 아카시아 이리올로바의 콩깍지나 잎을 좋아해서 잘 먹기 때문에 토프나르 목축에 매우 중요한 수목이다. 또 중요한 고목 중 하나인 페이드허비아 알바이다도 아카시아 이리올로바와 똑같이 가축의 식량으로서 중요한 수목이다. 또 페이드허비아 알바이다가 특히 중요한 이유는 보통 수목과는 반대로 우기에 잎이 떨어지고 건기에 잎을 피운다는 점이다. 그래서 염소에게 있어 먹이가 부족한 건기에 그 잎이나 콩깍지가 중요한 식량원이 된다.

고바베브 주변의 쿠이세브강에서 1963년부터 1979년까지 매년 홍수가 기록되었다(Seely et al., 1981). 특히 1976년에는 비교적 커다란 홍수에 의해 왼쪽 물가를 따라 사구의 침식이 관찰되었다. 하지만 1980~1982년에는 건조화에 의해 여름에 더없이 부족한 유수가 발생했을 뿐이었다(Ward and Brunn, 1985). 2011년에 관측 사상 최고의 홍수 일수를 기록했지만, 이런 건조화가 계속 반복된다면 지금까지 봤던 것처럼 아카시아는 수십~수백 년 안에 고사해버릴 것이다. 아카시아 고목이 나라처럼 대량으로 고사하게 된다면, 토프나르 사람들의 중요한 생업인 방목뿐만 아니라 주민들에게도 여러 가지 형태로 악영향을 끼칠 것으로 예상된다.

쿠이세브강 유역의 자연환경은 변화하고 있다. 기후변동에 영향을 받지 않는 지형이나 식생, 토양도 변화해가고 있다. 토프나르 사람들에게 있어 자연의 변화는 취약한 삼림 속의 생활에 직접적인 영향을 끼치기 때문에 그 변화는 절실한 문제이기도 하다. 그리고 우리들에게 있어서도 환경 변화와 인간 활동의 관계를 이해하고 그들에게 주어진 상황을 지켜보는 것은 여러 가지 의미로 중요한 일이라고 생각된다.

나미브사막에 자연스럽게 자라고 있는 나라멜론과 그것에 의존하고 있는 지역 주민

홍수량의 변화에 따른 나라 과실의 수확량 변화, 그리고 주된 식량과 수입원으로서 그것에 의존하고 있는 지역 주민 사회의 변화에 대해서 살펴보고자 한다.

나라는 잎이 없는 대신 광합성의 기능을 갖고 있는 2~3센티미터의 가시가 있고, 가시가 달린 여러 개의 기다란 황록색 가지를 늘어뜨리며 자란다. 또한 나라의 가시는 동물이 과실을 따먹기 어렵게 하기 위해서도 존재한다.

나라는 성장하는 과정 중에 스스로 그루터기 주변에 날린 모래를 쌓아서 작고 높은 흙더미를 만든다. 그리고 그 흙더미 위에 가지를 늘어뜨리며 감싼다. 또한 뿌리를 지하 30미터 이상의 깊이까지 늘어뜨려 수분을 빨아들인다.

나라에게 있어서 홍수는 중요한 역할을 한다. 홍수는 오래된 개체를 씻겨 흘려보내기도 하고 발아를 시켜 새로운 개체를 만들어내기도 한다. 나라의 과실은 큰 것은 직경 20센티미터 정도, 무게는 약 1킬로그램까지 성장한다. 나라의 열매인 나라멜론은 현지 주민의 주식 중 하나이면서 중요한 현금 수입원이기도 하다. 나라는 재배화되어 있는 것이 아니고 쿠이세브강 하류지역을 중심으로 자생하고 있다. 토프나르 사람들은 현재도 매년 나라멜론을 채집하고 과육과 종자를 이용하고 있다. 익힌 과육은 상당히 달고 깊은 맛이 난다(사진 5-15). 생식 이외에도 불을 가해 죽처럼 갠 것에 주식인 옥수수 가루 죽을 섞어 먹기도 한다. 또 열을 가한 나라멜론 안을 커다란 드럼통에 바짝 졸이고(사진 5-16) 체로 걸러 씨를 뺀 액체 부분을 비닐 시트지 위에 흘려서 얇게 편 후 햇볕에 건조한다. 이렇게 '나라케이크'라 불리는 넓은 모양

사진 5-15 익힌 나라멜론은 달고 진해서 굉장히 맛이 좋다.

사진 5-16 나라케이크를 만들기 위해 과육을 바짝 졸이고 있다.

의 말린 과일을 만들어서 1년 이상 보존이 가능한 보존식품을 만든다(사진 5-17).

2002년 나라 채집기(12월부터 다음 해 1월)에 이뤄진 식생활 조사에 따르면 거의 모든 식생활에 나라가 등장하고 있다. 이를 통해 나라가 토프나르 식생활의 중심을 차지하고 있다는 것을 알 수 있다(표 5-2).

나라의 씨는 영양가가 높고 맛도 좋기 때문에 땅콩처럼 사람들이 즐겨 먹고 있으며 토프나르 사람들은 집에서 소비하는 것이 아닌 마을에서 그것을 팔아서 현금 수입을 얻어내고 있다(사진 5-18). 2002년 조사 당시, 나라 채집자의 40퍼센트는 씨를 판매하는 수입밖에 없었으며 연 수입의 약 43퍼센트가 나라 씨 판매에 의한 수입이었다(그 외의 현금 수입은 가축인 염소의 판매 또는 다른 지역에 가서 노동 등을 통한 수입)(이토, 2005). 17세기에는 유럽의 배와 무역으로 거래를 했었다는 기록도 남아 있다. 자원이 한정된 건조하고 척

나라케이크. 옛날에는 사구의 경사면에 놓아서 건조시켰다고 한다.

	1일째	2일째	3일째	4일째	5일째	6일째	7일째
아침	홍차, 설탕	홍차, 설탕	홍차, 설탕	홍차, 설탕	홍차, 설탕	홍차, 설탕	홍차, 설탕
점심	나라케이크, 밀리	나라과일, 밀리	나라케이크, 밀리	나라케이크, 밀리	나라과일	나라과일	나라케이크
저녁	나라과일	나라과일, 밀리	나라과일	나라케이크, 밀리	나라과일	나라과일	나라과일
	8일째	9일째	10일째	11일째	12일째	13일째	14일째
아침	홍차, 설탕	홍차, 설탕	홍차, 설탕	홍차, 설탕	홍차, 설탕	홍차, 설탕	홍차, 설탕
점심	나라과일	나라과일, 밀리	나라케이크, 밀리	나라케이크	나라케이크, 밀리	나라케이크	나라케이크, 밀리
저녁	나라케이크, 밀리	나라과일	나라과일	나라과일, 나라케이크	나라케이크, 밀리	나라과일	나라과일

표 5-2 어느 한 가정의 채집기 14일간의 식사 내용(2002년 12월 하순~2003년 1월 상순(이토, 2005))

박한 토지에서 자라는 나라는 토프나르 사람들의 생활을 오랜 세월 지탱해
주고 있다(토비야마 외, 2016).

사진 5-18 나라의 씨는 현지 주민의 중요한 현금 수입원이다.

나라는 현금 수입원

쿠이세브강은 해안에서 내륙으로 30킬로미터 들어간 지점에서 두 갈래로 갈라지는데 하나는 그대로 서쪽으로 가면 대서양으로 향하며 또 하나는 북쪽으로 가면 월비스베이 마을 쪽으로 향한다. 쿠이세브강은 8~10년 주기로 대홍수를 반복하여 때때로 마을에 피해를 끼치고 있기 때문에 1962년 분기점에는 홍수 방지 제방이 만들어졌다. 제방이 만들어지자 그 하류에는 홍수물이 도달하지 못하게 되었고 나라의 식물 갱신이 일어나지 못하게 되어 고사해갔다. 예전 하류지역에는 나라가 소멸하였고 채집이 가능한 건 현재 하천 유역만으로 한정되어버렸다.

채집량이 감소함에 따라 나라 씨의 가치는 높아졌다. 가격은 1997년부터 2012년까지 15년 사이에 약 4.5배가 올랐으며, 특히 최근에는 급격하게 가격이 상승하고 있다.

사진 5-19 나라의 시드 오일을 이용한 화장품. 상품은 고급 슈퍼나 기념품점에서 판매하고 있다 (촬영: 토비야마).

이런 요인을 통해 추측되는 것은 시드 오일을 이용한 화장품의 개발·상품화다(사진 5-19)(토비야마호카, 2016). 당초는 판매업자가 채집자와 기업 사이를 중개하고 있었으나 최근 들어 공정무역을 주장하는 영세기업이 참가하여 채집자들과 직접 교역을 개시하고 있다. 이에 의해 채집자는 판매업자에게 터무니없이 싼값을 받는 일이 줄어들었다. 그 결과, 나라 씨의 판매가격은 상승과 동시에 안정되었고, 채집자들은 '나라는 현금 수입원'이라는 인식을 더 강하게 굳히게 되었다(토비야마호카, 2016).

하지만 2013년부터 이 땅에도 가뭄이 계속되면서 나라의 열매는 크게 자라지 못했고 채집량도 극감했다. 이 때문에 현지 마을에는 월비스베이 마을 등으로 돈을 벌러 나가는 사람이 늘게 되었다. 이렇게 최근의 기후변동은 사막에 자생하는 나라에 영향을 주었고, 그 영향을 통해 건조하고 척박한 환경에서 살고 있는 현지 원주민들에게도 커다란 변화를 주었다.

사막코끼리와 현지 주민의 미묘한 관계

나는 지금까지 고바베브에 20회 이상 방문했으나 사실 계절하천인 쿠이세브강에 물이 흐르고 있는 것을 본 적이 없다. 해에 따라서 물이 흐르는 전체 일수는 다르지만 거의 매해 0일~10일에 머물러 있다. 하지만 앞에서 말했듯이 2011년에는 관측 기록 사상 최고 일수인 약 200일이라는 기록이 나왔다. 내가 그전 해 연말 그곳을 방문했을 때 처음으로 비를 경험했고 고바베브의 상류 부분에 있는 마을인 호메브 마을까지 물이 흐르고 있었다. 최상류 부근인 수도 빈트후크 부근에 바로 이틀 전에 큰비가 내렸고 거기에서 흘러온 물이 꼬박 이틀에 걸쳐 250킬로미터 앞인 호메브까지 도달한 것이다.

계절하천은 물이 흐르고 있지 않을 때에도 지하수위가 주변보다 얕기 때문에 강 연안에는 삼림이 빽빽하게 들어서 있으며 거기에는 여러 동물이 생육하고 있다. 나미브사막의 북부인 호아니브강을 따라 늘어선 삼림에는 사막코끼리를 시작으로 기린이나 사자 등 다양한 동물이 생육하고 있다.

사막코끼리는 다른 지역에 사는 아프리카코끼리에 비해 상아가 작고 네다리가 길다. 또한 무리의 사이즈가 작고 긴 거리를 이동하는 등 신체적으로나 행동적으로 독특한 특징을 갖고 있다.

내 제자인 요시다 미후유는 2003년부터 2004년까지 사막 안에 200명가량의 사람들이 사는 브로스 마을에서 코끼리에 대한 조사를 한 적이 있다. 코끼리 코에 들이받혀 쇄골이 부러지는 등의 고난을 겪으면서도 요시다는 조사를 계속해나갔다. 그녀의 조사에 따르면 계절하천을 따라 자라는 수목의 약 80퍼센트가 코끼리에 의해 피해를 받고 있다고 한다. 코끼리는 수목의 잎을 먹을 때 가지를 통째로 부러트리거나 나무껍질을 벗겨먹는다(사진 5-20). 그렇기 때문에 나무가 말라버린다. 현지 주민의 말에 의하면 그 피해가 최근 10년 동안 급격하게 심해졌다고 한다.

사막코끼리는 수목의 잎을 먹을 때 가지를 통째로 부러뜨리거나 나무껍질을 벗겨 나무를 시들게 한다.

이 지역의 숲에 자라는 페이드허비아 알바이다 수목의 연륜(나이테)을 조사해보니 일곱 그루의 평균 연륜(나이테) 폭이 겨우 0.97에 불과했다. 평균 연륜의 폭을 참고해 이 수목의 나이 구성을 조사해보니 이 숲은 나무 나이가 약 100~200년이 된 수목을 중심으로 구성되었으며, 최근 발아한 것으로 보이는 개체는 거의 존재하지 않았다.

브로스 마을은 사막코끼리를 보러 오는 관광객이 떨어뜨린 돈으로 생계를 유지하는 마을이었다. 그런데 1995년, 브로스 마을에 캠프장이 생기면서 유명해지기 시작했다. 캠프 안을 돌아다니는 사막코끼리를 가까이에서 볼 수 있다는 입소문이 돌면서 세계 각지에서 관광객이 찾아왔고 그 관광객의 수는 매년 증가하고 있다. 캠프장은 NGO의 지도 아래 경영되고 있으며 이익의 분배와 사용 방법 등에 관해서는 주민이 결정하고 있다. 이렇게 관광업을 통해 얻는 현금 수입은 브로스 마을 사람들의 생활에 더없이 중요한 것이 되었다. 그들의 수입 중 80퍼센트가 캠프장에서 얻는 현금이 차지하고 있다. 캠프장의 각 경계에는 각각의 그룹이 텐트를 펼칠 수 있도록 되어 있고 취사용 싱크대나 수세식 화장실도 설치되어 있다(요시다 · 미즈노, 2016).

내가 브로스 마을의 캠프장에 처음 방문했을 때 이런 일이 있었다. 저녁에 화장실에 다녀와 일행들과 담소를 나누고 있는데 등 뒤쪽에서 동물의 기척을 느꼈다. 그리고 모두가 숨을 죽인 채 경계 태세를 갖추고 있었다. 얼마 후, 화장실에 가보니 수세식 변기가 산산조각이 나 있었다. 코끼리가 물을 마시기 위해 변기를 깨트렸던 것이다. 코끼리는 민감한 코로 강바닥을 탐색한다. 그리고 물 냄새를 느끼면 강바닥을 파내어 물을 마신다. 수세식 화장실은 그들에게 있어서 가장 간단하게 물을 얻을 수 있는 장소였던 것이다.

그렇게 코끼리와 가까이에서 생활하고 있기 때문에 현지 주민은 코끼리의 힘이나 무서움을 잘 알고 있다. 요시다도 매일 아침 조사를 나갈 때 꼭 "코끼리는 조심하세요"라는 말을 모든 마을 사람들에게 들었다고 한다. 다른 지역에서는 코끼리가 그저 농지를 황폐하게 하는 곱지 않은 대상에 지나지 않지만 이 마을에서는 그렇지 않다. 마을 사람들은 코끼리에 대해 강한 흥미와 관심을 갖고 있다. 요시다는 조사를 마치고 돌아오기가 무섭게 "오늘은 어디에 코끼리가 있었어?", "몇 마리 있었어?", "뭘 했어?"라는 질문 세례를 받곤 했다.

계절하천을 따라 취약한 삼림에 의존하는 코끼리, 그리고 그 코끼리에 경제적으로 의존하고 있는 주민들의 관계는 꽤나 묘한 느낌이다. 언제까지 이 관계가 이어질 수 있을지는 모르지만 상당히 묘한 상황이다. 지역 주민은 삼림의 수목에서 건축자재나 연료로 쓸 장작을 얻고 있는데 이대로 코끼리와 사람들에 의해 강 부근의 숲이 계속 파괴된다면 틀림없이 수목은 감소해갈 것이다. 수목이 없어지면 코끼리는 먹이를 구하기 위해 다른 곳으로 이동할 것이고, 그렇게 되면 사막코끼리로 장사를 하는 관광업도 끝나버리고 말 것이다. 계절하천의 수목은 사람과 코끼리가 이 땅에 공생하고 있는 이상 없으면 안 되는 중요한 존재인 것이다.

인간에게 있어서의 삼림이란?

삼림은 고바베브의 사람들뿐만 아니라 인간 모두에게 더없이 중요한 존재다. 한여름 무더운 도심을 걷고 있다가도 나무에 둘러싸인 공원이나 숲에 들어가면 시원함을 느낀다. 그렇게 시원함을 느낄 수 있는 것은 내리쬐는 햇빛을 피했기 때문만은 아니다. 수목의 잎에서 수분이 증발할 때 열이 소비되면서 주위의 기온이 낮아지기 때문이다.

에어컨에서 발생되는 열 등으로 도심에서는 기온이 올라 히트 아일랜드(열섬)를 형성하지만, 공원이나 숲은 수목에 의해 열이 소비되어 기온이 내려가는 쿨 아일랜드를 형성하고 있는 것이다.

삼림을 벌채하면 홍수가 일어난다고 알려져 있다. 삼림의 흙을 파보면 지렁이가 나오는 경우가 있는데, 삼림 수목의 뿌리나 지렁이 등은 흙의 입자를 단단하게 하는 단립團粒을 만드는 작용을 한다. 그 토양구조를 단립구조라고 말한다. 이 단립구조가 발달한 토양은 단립과 단립의 틈에 물을 보유할 수 있기 때문에 큰비가 내려도 물이 지면으로 스며들고 물을 흙 속에 보유시킬 수 있다. 하지만 삼림이 벌채되면 강한 태양빛에 의해 지면이 건조되고 딱딱해지면서 단립구조가 파괴된다. 그래서 큰비가 내리면 물이 지면에 스며들지 않고 지표로 흘러 한 번에 강으로 흘러들어가게 된다. 그 때문에 홍수가 일어나는 것이다.

삼림에는 지극히 뛰어난 보수保水 능력이 있어서 단립구조가 발달된 땅은 단립 틈새에 공기가 들어가서 식물의 뿌리가 호흡할 수 있도록 되어 있다.

그래서 식물이나 농작물도 자라기 쉬워지는 것이다.

아프리카 고산은 '저온'이라는 혹독한 환경을 토대로 그 미세한 기온의 변화가 식생의 분포에 커다란 영향을 끼치고 있다. 똑같이 건조하고 힘든 환경인 사막에서도 강수량 감소 등 작은 환경의 변화가 커다란 식생의 변화를 가져온다. 한편, 우리들이 살고 있는 곳과 같은 온대에는 삼림을 벌채한다고 해서 곧바로 커다란 환경 변화를 드러내진 않는다. 하지만 환경 변화는 연쇄적으로 작용하고 그 상승효과도 대단히 커서 보다 광범위하게 영향을 끼친다. 따라서 '환경—식생'의 동태를 파악하고 검토한다는 것은, 그곳에 사는 사람들의 생활에 있어서뿐만 아니라 글로벌한 스케일, 즉 우리들 모두에게 그 의의가 있는 것이다.

아프리카에서 수십 년간 일어난
기후변동이 자연과 사회에 끼치는 영향

최근 수십 년간 아프리카에서 일어난 기후변동과 그 영향에 대해 알아보자.

서쪽의 세네갈에서 동쪽의 수단에 이르는 사헬지대(보통 사헬지대에는 수단을 포함시키지 않는다)에서는 1960년대 후반부터 1980년대까지 심각한 가뭄이 발생했다(미즈노, 2008). 가뭄이 특히 심했던 1982~1983년과 1983~1984년에는 1931~1960년의 평균치를 평년치로 정해보면 많은 지점의 연 강수량이 20~40퍼센트까지 떨어졌다(카도무라, 1991). 이 사헬지대에 오는 적은 양의 비는 우기의 절정인 7~8월의 강수량이 현저하게 감소하면서 우기의 기간을 단축시켰다.

열대수렴대가 한창 북상하여 사하라 남부에 도달하고 대서양에서 습한 몬순이 대륙의 안쪽 깊숙한 곳까지 침입하는 때가 사헬지대 우기의 최절정기다. 가뭄의 원인으로 추측되는 것은 다음과 같다.

(1) 남서몬순이 약해졌기 때문에 수증기가 대륙의 안쪽 깊숙이까지 옮겨지지 못하게 되었다. (2) 열대수렴대가 충분히 북상하지 않았기 때문에 몬순의 비가 닿지 못하게 되었다. (3) 상층의 열대편동풍인 제트(150헥토파스칼)의 풍속이 약해진 반면, 하층의 아프리카편동풍 제트(600헥토파스칼)의 풍속이 증대했기 때문에 대류 활동이 활발하지 못하게 되면서 뇌우가 내리기 어렵게 되었다(Dhonneur, 1981; Fontaine et Perard, 1986). (4) 과도한 방목이나 과잉 벌채 등으로 식생이 파괴된 결과, 지표면 알베도albedo, 지표면 일사日射의 반사 능력가 증대하여 토양이 건조화되고 비가 내리기 힘든 상태가 조장되었다(Charney, 1975)(가도무라, 1991).

사헬에서 하늘바라기농업天水農業, rainfed agriculture, 관개수를 강우에만 의존하는 농업을 통한 밀릿millet, 수수, 조, 기장 등의 잡곡류(사진 4-16)과 소르검sorghum, 수수의 경작한계는 각각 연간 300밀리미터와 500밀리미터다. 사헬의 1951~1980년 우기 당시의 평균 강수량은 월 150밀리미터 정도였으므로 사헬은 소르검의 경작한계에 거의 알맞다고 볼 수 있다. 하지만 1970년대와 1980년대 가뭄이 들었던 시기에는 강수량이 밀릿의 경작한계까지 내려갔고 식량 부족이 발생했다.

이 밀릿의 경작한계인 연 강수량 300밀리미터의 등치선은 '기아전선'이라고 불렸고, 1972년과 1984년 평년의 위치보다 200~400킬로미터나 남쪽 방향으로 후퇴하였다. 그래서 1960년대 중반까지인 습윤기와 비교해보면 400~600킬로미터나 남하하여 심각한 식량 부족을 낳았고 그로 인해 많은 아사자와 난민을 만들었다(가도무라, 1991).

사헬 주변에서 이루어지는 남북 방향의 대기대순환은 '해들리 순환'Hadley circulation, 열대의 자오선子午線 방향의 순환으로, 적도 부근의 열대수렴대에서 따뜻한 공기가 상승한 후 북위[남위] 30도 부근의 아열대고압대에 비교적 차가운 공기가 하강하여 지표 부근을 흐르는 적도까지 돌아

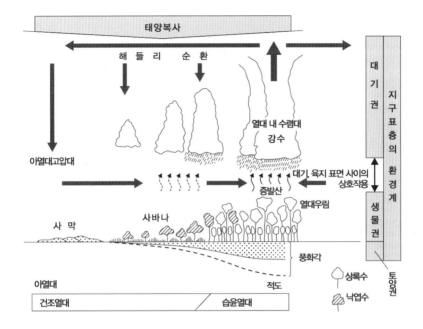

도표 5-5 열대 환경의 위도 변화(시노다, 2002)

오는 순환으로 보이며 사헬의 가뭄은 이 해들리 순환에 강한 영향을 받고 있다고 한다(도표 5-5). 그렇기 때문에 사헬의 남쪽에 있는 기니만의 해면 수온이 높아지면 그 상공의 상승기류가 강해짐에 따라 열대수렴대가 남하하고 사헬 부근은 하강기류가 우세하여 건조하게 된다(기무라, 2005).

또 사헬 부근 동서 방향의 대기 순환은 '워커 순환Walker circulation'이라는 순환으로 볼 수 있다(도표 5-6). 열대태평양의 해수면 온도의 동서 차이에 의해 열대태평양 서안(인도네시아 부근)에서는 상승기류를, 열대태평양 서안(페루 바다)에서는 하강기류를 만들어내는 순환이며 도표 5-6(a)에 표시한 것처럼 순환이 지구를 일주할 때 아프리카 부근에는 상승기류를 형성한다고 알려져 있다. 하지만 열대태평양 동부(페루 바다)의 해수면 온도가 상승하는

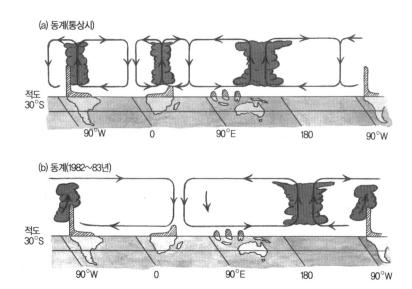

겨울의 적도 대류권에서 일어나는 워커 순환의 평균 상태와 엘니뇨 발생 시의 모식도.
(a) 12~2월의 평균적인 상태, (b) 1982년 12월~1983년 2월의 평균적인 상태(WMO(1984)
에 의함; 기무라, 2005)

엘니뇨 현상이 발생하면 이 순환의 배열이 무너지면서 도표 5-6(b)에 표시
된 것처럼 아프리카 부근에는 상승기류가 약해진다. 이렇게 멀리 떨어진 열
대태평양 동부의 해수면 온도의 상승이 사헬에 가뭄을 가져오는 요인이 되
기도 한다(기무라, 2005).

2.
고산지대의
20년간의 식생 변화

볼리비아 안데스 차칼타야산에 사는
식물의 생육 상한고도의 20년간의 변화

최근 아프리카 이외의 지역에서도 고산지대의 식생의 변화가 확인되고 있다.

볼리비아 안데스의 차칼타야산(5,395미터)(도표 4-10)에는 일찍이 빙하가 분포해 있었으나(사진 5-21) 2009년에 소멸되었다(사진 5-22). 차칼타야산의 지질은 전체적으로 퇴적암인 규질혈암이지만 일부에는 화성암인 석영반암이 관입되어, 그 경계가 열적 변성에 의해 변성암인 호온펠스로 변해 있다(도표 5-7, 사진 5-23)(미즈노, 1999).

내가 1993년에 조사를 할 당시 식물분포 상한의 높이는 퇴적암인 규질혈암지역은 4,950미터, 화성암인 석영반암지역은 5,050미터, 변성암인 호온펠스지역은 그 중간이었다.

또 고도 4,950미터인 식피율은 규질현암지역이 0퍼센트, 호온펠스지역

사진 5-21 안데스 산계의 차칼타야산(5,395미터). 빙하가 있다(1993년).

사진 5-22 안데스 산계의 차칼타야산(5,395미터). 빙하는 소멸했다(2013년).

사진 5-23 지질에 의한 경사면의 차이. 사진 안쪽이 화성암인 석영반암, 앞부분이 퇴적암인 규질혈암. 석영반암의 경사면이 커다란 바위로 되어 있는 것에 비해 규질혈암의 경사면은 고운 부스러기로 되어 있어 경사면의 안정성이 서로 다르다.

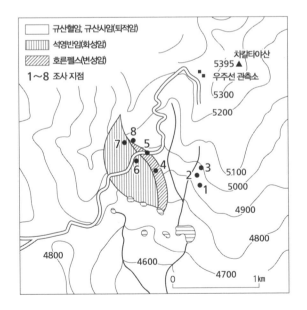

도표 5-7 차칼타야산 지질과 조사 지점(미즈노, 1999)

조사 지점	1	2	3	4	5	6	7	8
해발(m)	4,950	4,950	4,990	4,910	4,980	4,950	5,050	5,050
경사 방향	S	S	S	S	S	S	SE	SE
경사	24○	17○	20○	5○	—	12○	30○	30○
암질	규질현암, 규질사암			호온펠스		석영반암 (화강암)		규질현암, 현암
기반의 절리 밀도 평균치	13.3	—	—	8.3	5.0	3.3	3.0	—
(최소치–최대치)	(9–19)			(4–14)	(2–11)	(2–5)	(0–6)	
지의류의 부착률(%)	—	—	—	10	—	15	30	0
식피율(%)	0	0	0	10	10	20	2	0
금방동사니과				+		10		
볏과				5		3	1	
국화과				2		3	1	
지의, 선태류				3		4		
구조토	—	—	조선토	—	—	—	—	—
지표면 구성 물질의 역경 분포(%)								
200cm〈							10	
100–200				4			10	3
50–100	5		0				15	
20–50				30			15	20
10–20	10	10	2	40			8	40
5–10	15		10	20			8	27
2–5	30		10	4			15	10
1–2	20		20	0			9	0
0.5–1	10	40	20	2			0	0
0.2–0.5	5	20	18	0			10	0
〈0.2cm	5	30	20	0			0	0

표 5-3 차칼타야산의 조사 지점(도표 5-7)의 식생과 환경 조건(미즈노, 1999)

이 10퍼센트, 석영반
암지역이 20퍼센트
였다. 규질현암의 평
균 절리節理 밀도1미
터인 철사로 원을 암반에 갖
다 대어 절리(틈)와 교차하는
횟수를 20회 측정한 평균치
는 13.3, 호온펠스가
5.0~8.3, 석영반암이
3.0~3.3으로, 그 절
리의 밀도에 따라 생
산되는 퇴적물 크기
가 달랐다(표 5-3).
  고운 퇴적물이 많

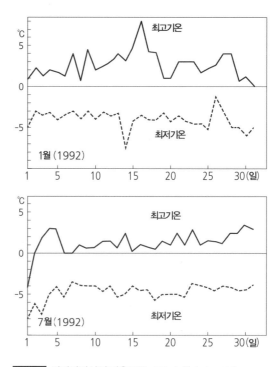

도표 5-8 차칼타야산의 기온(해발 5,220미터)(미즈노, 1999)

은 규질현암지역은 지표의 이동량이 크기 때문에 식피율이 적으며 식물분
포의 상한이 낮지만 퇴적물이 큰 석영반암지역에는 지표의 이동량이 적기
때문에 식피율이나 생육 상한고도가 높아졌다고 예상된다. 1993년 어떤 사
면에서도 고도 상한에 분포된 식물은 볏과인 데예욱시아 니티둘라Deyeuxia
nitidula였다.

  안데스 같은 열대고산은 하루의 기온 변화가 크기 때문에(도표 5-8) 지표
의 동결융해凍結融解, freezing and thawing 작용이 크고, 경사면의 퇴적물의 크기
가 경사면의 이동량과 관계가 있기 때문에 식생의 분포에도 영향을 끼치는
것이다(제6장 참조).

  이 세 개의 지질지역에서 2013년 같은 조사를 실시한 결과, 규질현암

지역의 식물분포 상한은 5,010미터, 호온펠스지역의 식물분포 상한은 5,030미터, 석영반암지역의 식물분포 상한은 5,070미터로 각각 1993년과 비교해보면 20년 사이에 60미터, 30미터, 20미터가 상승해 있었다. 생육하는 식물은 모두 경사면에 국화과 세네시오속인 세네시오 루페스첸스였다 (사진 4-21).

이렇게 20년 만에 식물의 생육 상한고도가 상승한 원인은 최근 일어나고 있는 온난화라고 추정되며 그 온난화의 영향이 안데스의 빙하 소멸로 드러났다(미즈노·후지타, 2016).

기소코마가다케의 온난화 실험에 의한 고산 식생의 20년간의 변화

1990년에 국제 툰드라(얼어붙은 땅) 실험 계획ITEX이라는 프로젝트가 세계 각지에서 시작되었다. 이것은 북극권인 툰드라지대나 고산 툰드라 환경에 온난화가 식물에 끼치는 영향을 조사하는 실험이다.

일본에서도 고산대, 즉 삼림한계 이상은 고산식물이 생육하는 고산 툰드라에 해당된다.

일본도 그 계획에 따라 도야마대학 그룹이 다테야마, 시즈오카대학 그룹이 후지산, 홋카이도대학 그룹이 다이세쓰산에서 실험을 시작했다. 나는 미야하라 이쿠코(현재 미야기학원 여자대학)의 권유를 받아 3명이서 그룹을 만들어 중앙알프스의 기소코마가다케에서 실험하기로 계획했다. 실험에는 많은 도움이 필요했기에 도쿄대학, 도쿄농공대학, 도쿄도립대학(현 수도대학도쿄), 도쿄가쿠게이대학 등에서 학생과 대원생, 연구자들이 모여 연구 그룹 GENETGeoecological Network를 결성했다. 다른 그룹은 5년 정도 활동하다 그만두었지만, GENET는 1995년에 관측을 개시해서 2015년까지 관측을 이어가며 귀중한 데이터를 수집했다. 당시에는 교대로 매주 기소코마가다케에

사진 5-24 기소코마가다케의 풍충지에 온난화가 식물에 끼치는 영향을 조사하는 실험 장소(1995년 5월). 투명한 아크릴판을 두른 개방형 온실과 기상관측장치를 설치했다.

올라 조사를 실시했다. 그 당시 관측을 하던 모습이 1998년 NHK의 '작은 여행'이라는 프로그램으로 방영되었다.

그 실험은 다음과 같은 방법으로 이루어졌다. 강한 바람이 세차게 부는 풍충지風衝地, windswept area 지면에 오각형의 투명한 아크릴판으로 둘러싼 온실 A~E를 다섯 개 설치했다(사진 5-24). 위에는 뚜껑이 없기 때문에 바람은 위에서 들어왔다. (아크릴판으로 두른 부분을 '온실'이라고 표기했다.) 온실 안의 기온은 바깥보다 1~2도 상승했다(사진 5-25). 이 온실 안에서 이루어진 기온 상승에 의해 그곳에 생육하고 있는 고산식물이 온실 밖에 있는 자연 상태인 식물과 어떻게 다르게 변화하는지 모니터링했다.

학회 발표 등에서 '식물의 변화가 상승한 온도의 영향을 받고 있는 것인지, 약해진 바람의 영향 때문인지 알 수 없음'이라는 의견을 받았고 탁월풍을 막기 위한 바람막이도 만들어서 비교하였다(사진 5-26). 그 결과 바람의

사진 5-25 투명한 아크릴판을 두른 개방형 온실. 기온이 1~2도 상승하고 그에 따른 식물의 변화를 모니터링한다.

사진 5-26 바람이 식물에 주는 영향을 알아보는 바람막이

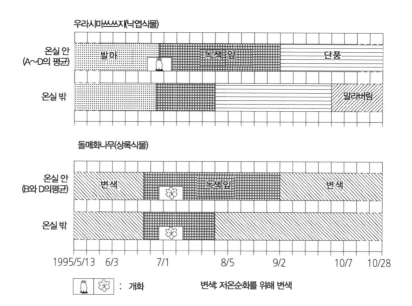

도표 5-9 풍충왜저목 2종류의 계절학(Nakashinden et al., 1997)

영향은 그다지 보이지 않았기 때문에 식물의 변화는 온난화 영향에 의한 것이라고 판단할 수 있었다.

1995년 5월, 온실을 설치한 이후 온난화의 영향은 여러 가지 형태로 나타났다. 그중 한 가지는 식물의 계절학phenology에 생긴 변화이다. 낙엽식물인 우라시마쓰쓰지(Arctous alpina var. japonica; 진달래과)의 경우 초록 이파리가 달려 있는 기간이 온실 바깥보다 온실 안쪽에서 1개월 정도 길어졌으며 단풍도 약 1개월 늦어졌다.

상록광엽왜성저목常綠廣葉矮性低木인 암매(돌매화나무; Diapensia lapponica L. var. obovata)의 경우는 온실 안에서는 녹색의 이파리가 달려 있는 기간이 1개월 정도 길어졌으며 이파리의 변색이 약 1개월 늦어졌다(도표 5-9, Nakashinden et al., 1997).

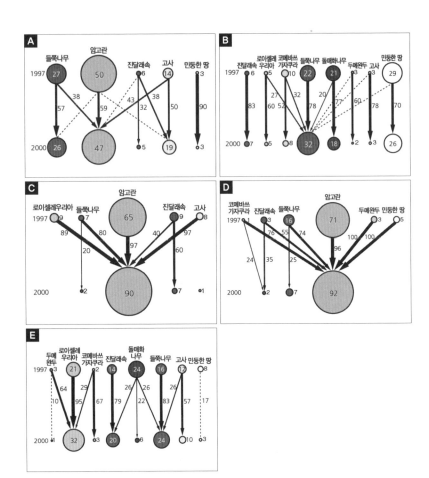

도표 5-10 개방형 온실(A~E)에서 실시한 1997~2000년의 식생 변화 모식도(자이키·츠카다·후쿠코우·GENET, 2003)

* 도표상의 숫자는 상대 비율을 의미한다.
   상대 면적 비율이 1% 미만인 씨는 생략했다.
   실선 옆의 숫자는 변화한 비율을 가리킨다. 단, 10% 이하는 생략했다.
   점선은 변화율이 10% 이상 ~ 20% 미만

   1997년부터 2000년까지의 3년간 암고란이 온실 안에서 세력 범위를 꽤나 넓혔다(도표 5-10)(2003). 또한 로우셀레우리아도 세력을 확대시켰다. 반대로 암매는 감소했다.

암고란의 피도被度, 식물체의 지상부를 지표면에 투영했을 경우 그것이 지표면을 점령하는 비율는 자연 상태인 곳은 1996년에 25퍼센트였으나 2008년에 40퍼센트, 다른 장소에서는 1996년에 25퍼센트였던 것이 2008년에는 50퍼센트가 되어 있었다(도표 5-11)(오제키 외, 2011a). 한편, 온실 안의 한 장소에서는 1996년에 40퍼센트였던 비율이 2008년엔 40퍼센트, 다른 장소는 1996년에 60퍼센트였던 것이 2008년에는 95퍼센트, 또 다른 장소는 1996년 70퍼센트였던 것이 2008년에 95퍼센트로 온실 안의 암고란 세력 범위가 급증해 있었다.

자연 상태의 암고란은 그해의 가지 길이(1년 동안 자란 가지의 길이)가 1997년 중앙치 약 5밀리미터(그래프의 상자 윗부분이 데이터가 큰 쪽부터 4분의 1, 밑의 선은 데이터가 작은 쪽부터 4분의 1, 상자 안의 가로선이 중앙치를 의미함)였으며 2001년에 약 12밀리미터, 2008년에 약 12밀리미터였으나 온실 안의 것은 1997년, 중앙치가 약 12밀리미터, 2001년에 약 17밀리미터, 2008년에 약 14밀리미터로 온실 안쪽이 크게 증가했다(도표 5-12). 또 우라야마쓰쓰지의 최대엽장最大葉長, 측정 대상으로 임의로 한 그루를 골라 여러 장의 잎 중 가장 긴 잎 한 장의 장축長軸 길이은 2008년, 자연 상태의 중앙치가 35밀리미터였던 것에 비해 온실 안쪽은 52밀리미터였다(도표 5-13)(오제키 외, 2011a).

이처럼 기온이 겨우 1~2도 상승한 것만으로도 식물 개체 자체의 형태나 계절학이 변화하고 또 종간種間의 경쟁에도 변화가 발생하여 식물분포가 변해가는 것이다. 고산이라는 척박한 환경에서는 작은 환경 변화가 식물분포를 커다랗게 바꾼다는 것을 알게 되었으며 이렇게 장기간에 걸친 모니터링에 엄청난 의의가 있다는 것을 알았다.

중앙알프스 센조지키 카르에서 눈잣나무 가지의 신장량을 연간 단위로 계측한 결과(오제키 외, 2011b)에 따르면 1980년부터 2009년까지 약 30년

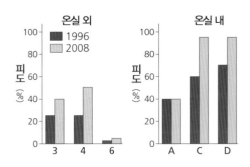

도표 5-11 암고란의 피도 변화(오제키 외, 2011a)

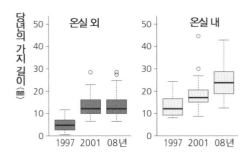

도표 5-12 해당 년의 암고란 가지 길이(오제키 외 2011a)

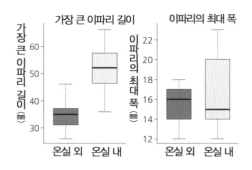

도표 5-13 진달래속의 2008년도 최대 이파리 길이와 폭(오제키 외, 2011a)

간 눈잣나무의 평균 가지 신장량은 1년에 약 4.2센티미터였으며 1980년대가 평균 약 3.7센티미터, 1990년대는 평균 약 4.2센티미터, 2000년대는 평균 약 4.6센티미터였다.

연 가지의 신장량과 기온의 관계를 보면 전년 6월과 7월의 월평균 기온과 상당한 상관관계가 있다는 것이 밝혀졌다. 이는 기소코마다케 주변의 고산대에는 여름 기온이 과거 30년 사이에 증가 경향을 보였다는 것을 시사하는 것이다.

일본의 고산지대에도 최근의 조사에 의해 온난화와 상관이 있다고 추측되는 식생의 변화가 보고되고 있다.

제6장

하루 동안의
기후변동

– 천변만화千變萬化하는 자연과 식물

케냐산이나 킬리만자로산 등에서는 키가 수 미터까지 자라는 초롱꽃과의
풀인 자이언트 로베리아나 국화과인 자이언트 세네시오가 자라고 있다.
자이언트 로베리아의 밤아는 아침과 낮의 양상이 크게 다르다.
이렇게 아프리카 열대고산에 생육하는 대형 초본식물은 하루 사이에
어떤 움직임을 보일까?
또 고산의 지표에서는 자연스레 모래와 자갈이 걸러지고,
여러 가지 기하학적 모양이 새겨져 있다.
이런 모양은 왜 생기는 걸까?

　지금까지 짧게는 하루 단위, 길게는 1억 년 단위까지 여러 세월의 단위를 통해 세계, 특히 아프리카의 한계지대를 중심으로 이루어진 기후변동에 대응하는 식물들의 모습을 살펴보았다.

　기후변동은 지구의 역사가 이루어진 때부터 최근의 온난화까지 다양한 세월의 단위로 일어나고 있지만 한계지대에는 하루 사이에도 크게 기후가 변화하는 장소가 있다. 제6장에서는 그런 가혹한 환경에 적응하면서 씩씩하게 살아가는 식물들의 생태와 하루 사이에도 천변만화하는 신기한 자연현상을 소개하려 한다.

기온의 일교차와 연교차

　도표 6-1은 적도 바로 밑 키토(Quito, 에콰도르의 수도)와 도쿄의 시간별 월평균 기온의 연간 변화다. 저위도인 키토에서는 아침 9시의 기온이 1년 내내 거의 12도다. 하지만 8월 하루의 기온은 아침 5시에 6도이며 오후 2시는 20도까지 올라 9시간 동안 14도나 변화한다.

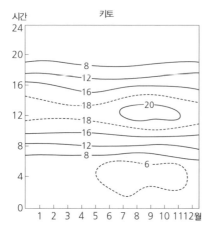

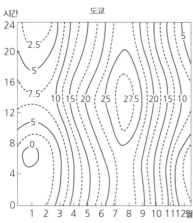

도표 6-1 키토(에콰도르)와 도쿄의 시간별 월평균 기온의 연간 변화(후쿠이헨, 1966, 니시나, 2003)

한편, 고위도인 도쿄는 아침 9시의 기온이 1월은 약 5도, 8월은 25도로 20도나 차이가 난다. 하지만 8월의 하루 기온은 아침 5시에 약 23도, 오후 2시에는 약 28도로 5도가량의 온도 차이가 난다.

이렇게 저위도에서는 하루 동안의 기온 변화(일교차)가 크며 1년간의 기온 변화(연교차)는 적지만, 고위도에서는 하루 동안의 기온 변화(일교차)가 적고 1년간의 기온 변화(연교차)가 크다.

1년간의 기온 변화에 대해서는 도표 6-2의 지구의 자전, 태양 주변을 도는 공전, 각각의 위치 관계를 보면 이해할 수 있다. 적도 부근은 겨울과 여름의 태양 수광량受光量이 그다지 차이가 나지 않기 때문에 기온의 연교차가 적다. 반면에 고위도에서는 여름에 태양고도가 높고 지표면의 일정 면적당 받는 수광량이 많지만 겨울에는 태양고도가 낮고 수광량이 적기 때문에 기온의 연교차가 크다.

도표 6-3은 적도 바로 밑의 케냐산의 빙하 부근 기온을 측정한 그래프다. 2011년 8월 31일~9월 1일은 해가 있는 동안은 10도 이상이며 심야에는

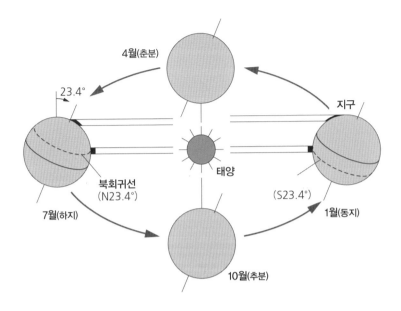

도표 6-2 지구와 태양의 위치 관계와 지표면에 닿는 열에너지

영하까지 내려가 10도 이상의 기온차가 있었다. 9월 2일과 3일은 날이 흐렸기 때문에 온도차가 적었다. 케냐산이나 킬리만자로산에 생육하고 있는 수 미터에 달하는 국화과의 풀, 자이언트 세네시오나 초롱꽃과인 자이언트 로베리아는 하루의 기온 변화가 10도 이상이나 되고, 밤새 영하로 떨어지는 환경 때문에 동결凍結로부터 몸을 지키는 구조를 가지고 있다.

자이언트 세네시오는 키가 수 미터 이상 되어 언뜻 보면 나무처럼도 보이지만 국화과의 풀이며 자이언트 로베리아는 초롱꽃과의 풀로(사진 6-1) 줄기가 목질화된 반목본성 식물이다. 이런 대형 식물이 고산대에서 자라고 있는 것은 적도 밑은 1년 동안 기온의 연교차가 적다는 점과 바람이 약한 점, 별로 눈이 내리지 않는 점 등의 이유를 들 수 있다.

다만 열대고산은 하루 동안의 기온 일교차가 크다. 케냐산의 고산대에는

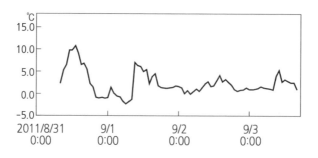

도표 6-3 케냐산, 틴달 빙하의 말단 부근 온도(4,580미터, 2011년 8월 31일~9월 3일)

낮과 심야의 기온이 10도 이상 차이가 나고 밤에는 영하로 떨어진다. 조사를 위해 아침결에 언덕을 오르면 지면이 얼어 있고 해가 내리쬐기 전까지는 상당히 춥다. 하지만 태양이 빛을 내려주면 따뜻함을 느낄 수 있다. 자이언트 세네시오나 자이언트 로베리아의 로제트형 잎도 추운 밤중에는 굳게 닫아버리고(사진 6-2) 해가 내리쬐면 잎을 펼쳐 광합성을 한다(사진 6-3).

케냐산의 해발 3,800~4,500미터에서 자라는 세네시오 케니오덴드론(자이언트 세네시오, 사진 6-1 참조)이나 남미 안데스의 해발 3,000~4,400미터에서 생육하는 에스페레티아Espeletia속(국화과)인 수종 등의 자이언트 로제트 식물은 반목본성으로, 1~5미터의 직립한 줄기 위에 로제트 모양(장미 모양) 상록성의 큰 잎을 달고 지표 부근의 저온지역을 회피하고 있다. 그 잎은 노화한 뒤에도 몇 년이나 떨어지지 않고 드리워져 망토처럼 가지 주위 한쪽 면을 감싸면서 빈틈없는 단열층을 형성한다. 그리고 그 로제트 잎은 낮에 열리면서 로제트 안의 온도를 높여주어 성장을 촉진시키고, 밤에는 닫아 잎 성장점의 온도 하강을 완화시킨다.

로제트 잎의 중앙부에는 끈적끈적한 분비물인 부동액이나 비가 고여 있어서 밤중에 생장점이 동결하는 것을 막아준다. 로제트의 중앙부에는 10센

사진 6-1 자이언트 세네시오인 세네시오 케니오덴드론(사진 중앙)과 자이언트 로베리아인 로베리아 텔레키

사진 6-2 아침에 발아하는 자이언트 로베리아

사진 6-3 낮에 발아하는 자이언트 로베리아

사진 6-4 아침에 발아하는 세네시오 케니오덴
드론

* 로제트 잎의 중앙부에 분비한 끈적끈적한 부동액
이나 빗물이 고여 있기 때문에 생장점生長點이 한밤
중에도 얼지 않도록 막아준다.

사진 6-5 자이언트 로베리아인 로베리아 텔레
키의 꽃차례

* 보온을 위해 더부룩한 털을 가진 잎이 감싸고 있다.

티미터 가까이 물방울이 채워져 있는데, 매섭게 추운 밤엔 물의 표층이
0.5~1센티미터 정도 얼고 물이 있는 하층 부분은 얼지 않아서 내부를 보호
시켜준다(사진 6-4).

이런 대형 반목본성 식물은 같은 부류와 함께 볏과의 식물이 함께 무리
(tussock, 다발식물체)를 형성하는데, 새로운 줄기와 잎은 무리의 중심부에 있
기 때문에 저온이나 건조함으로부터 보호받고 있다. 이렇게 열대의 식물은
밤의 추위에 대응하고 있는 것이다.

자이언트 로베리아인 로베리아 텔레키의 꽃차례Inflorescences, 花序는 보온
을 위해 더부룩한 털을 가진 잎에 덮여 있는데(사진 6-5), 그 꽃차례의 안은
빈 구멍이 있고 액체가 반 정도 채워져 있다(사진 6-6). 그 액체는 표면이 얼

사진 6-6	로베리아 텔레키의 꽃차례 안 부분

* 꽃차례 안은 비어 있고 반 정도 액체가 채워져 있
다. 그 액체는 심야에 표면이 얼 때 잠열潛熱을 내보
내고 그 열이 빈 공간의 상반부의 공기를 따뜻하게
해주는 구조를 갖추고 있다.

사진 6-7	케냐산에 퍼져 있는 자이언트 세네
	시오과의 세네시오 케니오덴드론

때 잠열을 내보내어 그 열이 구멍 안의 공기 상반부를 따뜻하게 데워주는
구조를 갖추고 있다. 이렇게 심야의 동결로부터 몸을 지키는 특수한 구조는
키가 큰 대형 식물의 생존이 가능하도록 해주고 있는 것이다.

이런 대형 식물이 고산대를 넓게 차지하고 있는 광경은 동아프리카 고산
대 특유의 풍경이라고 할 수 있다(사진 6-7).

동결 융해 작용과 구조토

일본의 삼림한계 이상의 고도에는 현재 '주빙하환경'周氷河環境, 빙하 주변의 환경
이라는 장소가 있다. 현재의 일본 고산대는 빙하가 거의 존재하지 않지만 그
주변의 환경을 의미하므로 주빙하환경에 해당된다. 빙하에 덮여 있지는 않

* 지표가 얼어 지면이 올라와 있다.

지만 암설이 굴러다니고 있고 수목이 없기 때문이다.

주빙하환경은 낮의 기온이 0도 이상이고 밤에는 영하가 되는 기간이 길다. 그리고 암반의 틈새에 고인 물이 야간에 얼어 팽창하면서 그 틈새를 넓힌다. 그래서 암반에서 바위와 자갈을 만들어낸다.

또한 바위를 구성하는 각 광물의 팽창, 수축률이 다르기 때문에 낮과 밤의 팽창 · 수축에 의해 광물 간의 결합이 느슨해져 흐물흐물 무너지기도 한다. 이런 것을 기계적 풍화작용이라고 하며 주빙하환경에서는 암반에서 바위와 자갈을 왕성하게 생산한다. 그렇기 때문에 고산대에는 바위가 울묵줄묵 퇴적되는데 그것을 암괴사면巖塊斜面이나 암해巖海라고 부른다. 바위가 여기저기 퇴적하고 있기 때문에 거기에서 어원이 생겨 노구치고로다케나 구로베고로다케라고 명명되었다.

사진 6-9 케냐산의 낮의 지표
* 얼었던 지표가 융해되어 지면이 내려갔다.

한랭 · 건조기후 지대에서는 이런 기계적 풍화작용이 활발하지만 온난 · 습윤한 환경에서는 물 등의 화학반응에 의해 암석이 분해 · 용해되는 화학적 풍화작용이 일어난다. '풍화'를 영어로 표기하면, 날씨를 뜻하는 'weather' 에 진행형인 ing를 붙인 'weathering'이며, 직역하면 풍화는 '날씨가 진행 되고 있다'는 뜻이다.

지표가 얼면 지면이 들려 올라가고(사진 6-8) 그곳이 녹으면 지면이 내려 가기 때문에(사진 6-9) 그런 동결 융해에 의해서 지표면의 자갈은 이동하게 된다. 아침녘에 생기는 서릿발이 자갈을 들어 올리고, 낮에는 녹으면서 자갈 을 이동시키는 경우도 있다(사진 6-10). 이렇게 동결 융해 작용에 의해 지표 면의 퇴적물이 이동함에 따라 지표면에 기하학적 모양이 형성되는데, 이것 을 구조토라고 한다.

사진 6-10 서릿발(시로우마다케 부근)

* 아침이 되면 서릿발이 그 위의 자갈을 지면 위에 수직으로 들어 올리고, 낮이 되면 녹아서 중력(연직) 방향으로 움직이기 때문에 자갈은 조금이지만 이동한다. 이를 서릿발 크리프라고 부른다.

사진 6-11 구조토의 일종인 다각구조토(대설산인 톰라우시산)

사진 6-12 구조토의 일종인 조선토(볼리비아 안데스)

사진 6-11은 다이세쓰산, 톰라우시산 근처에서 볼 수 있는 다각구조토이고, 사진 6-12는 안데스 산계에서 볼 수 있는 조선토이자 구조토다. 이런 구조토를 볼 수 있다는 것은 그 장소의 하루 기온이 0도 부근을 왔다 갔다 하고 있다는 증거이기도 하다(도표 5-8).

이렇게 지표가 움직이는 경사면에서는 식물이 거의 생육할 수 없다. 지표의 움직임에 비교적 대응할 수 있는 일본망아지풀Dicentra peregrina이나 구름제비꽃 등 소형 식물로 생육이 한정되어 있다(사진 6-13).

사진 6-14는 계상토階狀土라 불리는 구조토다. 커다란 바위가 있어서 지표가 움직이지 않는 장소는 작고 가파른 언덕이 만들어지는데, 그곳은 식생으로 덮여 있다. 그 전면에 고운 자갈로 덮여 있는 지표는 하루 동안 이뤄진 동결 융해로 지표의 물질이 이동하기 때문에 식물이 생육하지 못하고 민둥

사진 6-13 일본망아지풀

* 지표의 이동에도 가장 강하게 살아남아 '고산식물의 여왕'이라 불리고 있다.

사진 6-14 구조토의 일종인 계상토

• 큰 바위가 있어 지표가 움직이지 않는 장소에 작은 급경사를 만들고, 그곳이 식생으로 덮인다. 그리고 그 전면에 미세한 자갈로 덮인 지표는 1일의 동결 융해로 지표의 물질이 이동하고, 식물이 생육하지 못하는 민둥한 땅이 된다.

한 땅이 된다. 이런 계단상의 지형은 고산의 풍충지에서 볼 수 있다. 구조토는 일본의 고산에서 쉽게 볼 수 있는 현상이므로 높은 산에 오른다면 꼭 지면의 모양에 주목해주길 바란다.

한계지대의 자연이나 식생을 주의해서 관찰해보면 대륙의 이동 등 수억 년의 세월을 거친 변화부터 하루 단위의 변화까지 다양하고 재미있는 발견을 할 수 있다.

긴 세월 이런 한계지대를 중심으로 조사해온 경험을 통해 새삼스레 느끼는 것은 자연의 경이로움과 그곳에 사는 식물들의 씩씩함이다.

제7장

아프리카의 자연과
인류의 역사

세계를 6개의 식물구계세계 각지의 플로라Flora를 형성하는 식물종을 비교하고

각각의 특징을 가진 몇 개의 지역으로 분류한 것로 구분했을 때,

그중 하나인 케이프식물계는 남아프리카공화국 남단의 케이프타운 주변이다.

다른 곳과 비교해보면 극히 좁은 구계의 식물계다.

이 케이프식물계에는 합계 8,550종의 유관속식물(이끼류, 조류藻類를 제외한 식물)이

분포하며 그중 73퍼센트인 6,252종이 이곳밖에 없는 고유종이다.

왜 케이프타운 주변에는 한 개의 독립된 식물구계계植物區系界가 형성되었으며,

6,000종이 넘는 고유종이 존재하는 것일까?

지금까지 우리는 1억 년부터 단 하루까지, 다양한 세월의 단위를 통해 아프리카를 중심으로 세계의 기후변동과 자연의 변화를 살펴보았다. 그 결과 현재의 아프리카나 세계 각지의 자연이 존재하는 이유를 알 수 있었다.

마지막 7장에서는 과거의 기후변동이나 자연 변화의 결과, 기존 아프리카의 자연 현황, 그리고 환경 변화와 함께 거쳐 온 인류의 역사에 대해 소개하고자 한다(미즈노, 2007: 2008: 2015).

1.
아프리카의 기후

대기의 대순환과 세계의 기후구氣候區

아프리카의 기후에는 열대수렴대나 아열대고압대, 아냉대저압대 등 기압대의 이동이 크게 관계되어 있다(도표 7-1). 열대수렴대라는 것은 북반구와 남반구의 무역풍이 모이는 적도 부근의 열대지역에 형성되는 띠 모양의 영역이다.

열대수렴대는 7월에 북상, 1월에 남하한다. 또 대기의 대순환과 함께 7월에는 아열대고압대나 아냉대저압대도 북상하고 1월에는 남하한다. 그 때문에 북반구에서 보면 적도 부근은 일 년 내내 열대수렴대의 영향 아래에 있으며 연중 상승기류가 왕성하기 때문에 일 년 내내 비가 많이 내리고 식생이 열대우림이 되어 기후구는 열대우림기후가 된다.

또 북위 30도 부근은 일 년 내내 아열대고압대 밑에 있고 연중 하강기류가 탁상하는 장소이기 때문에 일 년 내내 강수가 적고 기후구는 사막기후다. 그렇기 때문에 세계의 주가 되는 사막(사하라사막, 아라비아반도의 룹알할리사

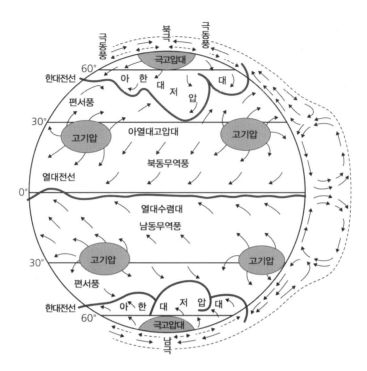

극동풍
북극
극동풍
극고압대
60°
한대전선
아 한 대   대
편서풍   저   압
30°
고기압   아열대고압대   고기압
북동무역풍
열대전선
0°
열대수렴대
남동무역풍
30°
고기압   고기압
편서풍
한대전선   아 한 대 저 압 대
60°
극고압대
남극

도표 7-1 대기의 대순환 모식도

막, 나미브사막, 아타카마사막)은 이 아열대고압대에 분포하고 있다. 더욱이 나미브사막, 아타카마사막은 이런 아열대고압대의 영향뿐만 아니라 한류의 영향도 받아 형성되고 있다.

북위 10도의 약간 북쪽 부분에는 7월에 열대수렴대 영향의 강수가 있으며, 1월은 아열대고압대의 영향으로 적은 비가 내린다. 즉, 여름에는 우기, 겨울에는 건기인 사바나기후가 된다(도표 7-2). 조금 더 북쪽으로 가면 여름에 열대수렴대의 영향을 미세하게 받고 겨울에는 아열대고압대로 인해 건조하기 때문에 여름에 적은 비가 내리는 스텝기후가 된다.

북위 30도인 약간의 북쪽에서 45도에 걸쳐 7월에는 아열대고압대로 인

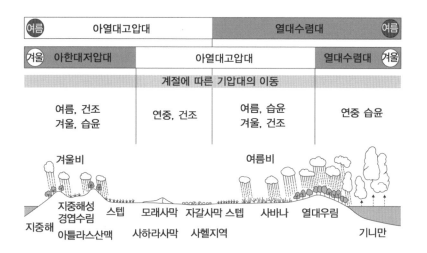

| 여름 | 아열대고압대 | | 열대수렴대 | 여름 |
| 겨울 | 아한대저압대 | 아열대고압대 | 열대수렴대 | 겨울 |

계절에 따른 기압대의 이동

| 여름, 건조
겨울, 습윤 | 연중, 건조 | 여름, 습윤
겨울, 건조 | 연중 습윤 |

겨울비 · · · · · · · · · 여름비

지중해성
경영수림　스텝　모래사막　자갈사막 스텝　사바나　열대우림

지중해　아틀라스산맥　사하라사막　사헬지역　　　　　　기니만

도표 7-2 지중해 연안에서 아프리카 대륙을 걸쳐 기니만에 이르는 단면 모식도(오노 2014)

해 건조하며 1월에는 아한대저압대의 영향을 받아 강수가 있는 겨울비형의 지중해성기후가 된다. 남반구를 보아도 남위 10도인 약간의 남쪽 부분에는 여름(1월)에 우기, 겨울(7월)에 건조한 사바나기후가 되고, 남위 30도인 약간의 남쪽에서 40도에 걸친 곳은 여름(1월)에 건조하고 겨울(7월)에 강수가 있는 지중해성기후가 된다.

참고로 고등학교 지리에서 배우는 쾨펜의 기후 구분은 식생대를 기반으로 만들어졌다. 기후와 식생은 큰 관련이 있기 때문에 같은 식생의 장소를 같은 기후구로 구분해서 정리한 것이다.

열대수렴대가 '기후'에 미치는 영향

열대수렴대와 기후의 관계에 대해 조금 더 설명하겠다.

지구는 지축이 23.4도 기울어진 채 태양을 일 년간 일주한다. 하지에는 태양광선이 지표면에 가장 수직으로 닿는 시기이기 때문에 좁은 범위에 많은 태양광선이 모인다. 즉, 지표면 일정 면적당 태양이 받는 일사량이 많은 곳은 북회귀선(북위 23.4도) 근처다(도표 6-2). 또 동지 때 태양의 수광량이 많은 곳은 남회귀선(남위 23.4도) 부근이다. 춘분이나 추분 때는 적도 부근에서 태양의 수광량이 가장 많아진다.

7월에 북회귀선 부근은 태양의 수광량이 가장 많으며, 지면이나 해수면이 가장 뜨거워져 상승기류가 왕성해지고 열대수렴대는 북쪽으로 이동한다. 1월에는 열대수렴대가 남회귀선 쪽으로 이동한다. 이 북회귀선과 남회귀선의 사이가 지면에 수직으로 태양광선이 닿는 지대, 즉 열대인 것이다. 이 지대에서 북쪽이나 남쪽으로 틀어져 있는 장소는 태양광선이 지면에 기울어진 채로만 닿는다. 북반구에는 7월에 보다 수직에 가깝게 닿기 때문에 7월이 여름, 1월이 겨울이 된다. 남반구는 그 반대다(도표 6-2).

일본인은 북반구의 북회귀선보다 높은 위치에 살고 있기 때문에 7~8월이 가장 기온이 높다는 인식이 있다. 하지만 적도 부근의 동남아시아에서는 오히려 4~6월 즈음이 기온이 가장 높다. 그래서 태국에서는 송끄란(설날, 매년 4월 13일~4월 15일)도 1년 중 가장 기온이 높은 4월에 열린다. 이 때문에 언젠가부터 물을 끼얹는 축제로 발전되었고, 그 후 물벼락 축제가 정착되었다.

덧붙이자면, '기후'라는 뜻을 가진 영어 'climate'의 어원은 그리스어인 'klima'('기울어지다'라는 뜻의 'klinein'에서 유래)이고 영어의 기원인 라틴어로 klinare는 '기울어지다'라는 의미다. 즉, '기후'는 지구가 '기울어졌다'는 것에서 생겨나게 된 것이다.

아프리카의 기후

아프리카와 같은 열대지역의 기후는 열대수렴대 등의 기압대의 계절 이동 이외에도 남북 양반구 열기단의 영향도 크게 받고 있다.

서아프리카를 예로 들면 열대수렴대의 북쪽 지역은 사하라의 아열대고 기압과 거기에서 불어오는 건조한 북동무역풍(하르마탄)의 영향 아래에 있기 때문에 항상 건조하다. 북동무역풍은 상대온도가 10퍼센트 내외까지 변하는 지극히 건조한 바람으로 모래 먼지를 품고 있기 때문에 이 지역의 하늘은 노랗고 탁하게 보인다.

　　한편, 기니만에서는 비교적 저온인 남서 몬순(계절풍) 때문에 습윤한 기류가 들어온다. 하르마탄과 남서몬순이 맞부딪치면 열대수렴대가 전선과 같은 성질을 가져 비를 내리게 한다. 특히 열대수렴대의 남쪽 수백 킬로미터 부근은 가장 비가 내리기 쉬운 곳으로 이곳은 1년 주기로 남북이 이동하며 그에 의해 우기와 건기가 찾아온다.

　　열대수렴대는 7~8월에 가장 크게 북상하며 비가 내리는 범위 또한 사하라사막의 남부까지 북상하게 된다. 하지만 때에 따라 열대수렴대의 북상하는 방식은 다르다. 충분히 북상하지 않은 해에는 사하라의 남부부터 사헬지대사하라 사막 남쪽 연안의 동서 방향의 띠 모양 지역까지 극심한 가뭄이 닥쳐온다. 한편, 기니만 안의 해안평야나 콩고분지의 적도지역에서는 뚜렷한 건기가 없으며 1년 내내 비가 내린다. 많은 지역에서 1,500~2,000밀리미터가량의 강수량이 기록되기도 한다.

　　아프리카 동부나 남부에는 열대수렴대와 강수의 관계가 서아프리카처럼 명확하지는 않고 인도양에서 불어오는 남동몬순의 영향으로 강수가 생긴다(가도무라, 2005).

　　원래대로라면 열대우림기후여야 할 적도 부근도 나이로비에서는 우기와 건기가 확실한 사바나기후다. 나이로비에는 우기와 건기가 각각 일 년에 2회씩 있다.

2.
아프리카의 자연적 특징과
인류의 역사

대지구대와 몬순―동아프리카

다음으로 아프리카의 지역별 자연적 특징에 대해 살펴보도록 하자.

동아프리카 자연의 특징은 제1장에서 다루었던 아프리카 대지구대(리프트밸리)다. 동부 지구대는 요르단의 사해에서 시작되어 홍해를 거쳐 에티오피아를 북동에서 남서로 횡단한다. 그리고 투르카나 호수부터 케냐를 종단하여 탄자니아에 도달한다. 서부 지구대는 우간다의 앨버트 호수에서 시작되어 탕가니카 호수, 말라위 호수를 거쳐 모잠비크에서 인도양에 도달한다.

대지구대는 지금도 계속 활동 중이고 활발한 화산활동을 하고 있다. 일찍이 그 화산활동에 의해 킬리만자로산이나 케냐산이 탄생되었다. 탄자니아 북부에 있는 올도이뇨 렝가이Oldoinyo Lengai 화산은 1960년 분화하면서 카보나이트(carbonite, 화성탄소염암)의 용암을 분출하여 지구 내의 카보나이트 마그마가 존재함을 실제로 증명시켰다. 화산활동에 의한 온천도 마가디 호수(사진 1-14) 등 각지에 흩어져 있다.

아프리카 동북부(에티오피아, 소말리아, 케냐 등)의 지질은 선캄브리아시대의 기반암류 위에 고생대 말기 혹은 중생대의 퇴적암이 퇴적되어 만들어졌다. 이 퇴적암은 대지구대의 양쪽에 분포하고 있으며 안쪽에는 분포되어 있지 않다.

대지구대의 안쪽에는 신생대(약 6,500만 년 전~현재)의 화산암류나 신생대의 퇴적물이 분포되어 있다. 이 신생대의 지층에서 제일 오래된 인류로 알려진 화석인골化石人骨이 케냐 북부의 투르카나 호수 부근이나 탄자니아 북부의 올두바이 계곡에서 발견되고 있다. 대지구대의 내측은 건조하여 스텝 사바나 경관을 이루고 있어 케냐의 마사이마라, 안보세리, 탄자니아의 세렝게티 등의 국립공원이나 동물보호구가 만들어졌다.

대지구대에 의해 북서부와 남동부의 두 개로 나누어진 에티오피아고원은 수평하게 퇴적한 지층이 조용히 융기되어 생긴 산지 위에서 흐른 용암이 덮여져 평탄한 용암대지가 된 것이다. 테이블 모양의 지형으로 이 지형이 나일강의 지류 등에 의해 다져지면서 다수의 협곡이 생겼다. 이 가파른 언덕이 외적으로부터 지켜주는 장벽이 되어주었고 3,000년에 걸친 에티오피아의 독립적인 역사에 큰 역할을 했다.

에티오피아의 고원에는 우기인 3개월 동안, 1년에 내리는 전체 비의 약 80퍼센트의 비가 내리며 그 비는 북부의 검은 나일강(아트바라강), 중부의 청나일강, 남부의 소바트강을 거쳐 백나일강으로 흘러 들어간다.

나일강 수원의 80퍼센트는 에티오피아고원에 내리는 비다. 우기에 부는 남서풍은 기니만이나 콩고분지에서부터 수분을 옮기는데 그때 제일 처음에 도달하는 장소인 에티오피아 남서부, 즉 커피의 원산지로 유명한 카와 Qahwa지방에 비를 가져온다. 거기서부터 북동부로 가면서 비는 줄어들게 된다. 이렇게 북쪽에서 남쪽으로 내려올수록 강수량이 증가하여 건조화된 악

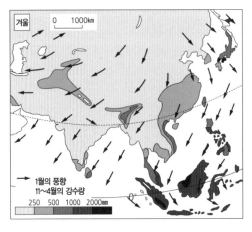

도표7-3 계절풍과 강수량의 관계

숨Aksum, 곤다르Gondar, 아 디스아바바Addis Ababa를 남하시켰다.

동아프리카에서 또 하나의 커다란 영향을 끼친 것은 계절풍(몬순)이다. 대륙 간의 교역에서 큰 역할을 담당했던 것이 몬순인데, 아라비아해에서 반년마다 부는 남서풍과 북동풍이 바로 그것이다. 몬순의 어원은 아라비아어인 '마우짐'(계절의 의미)이다. 몬순은 12월부터 3월 사이에는 아라비아지역과 인도에서 아프리카 동해안까지 북동계절풍이 불고, 5월에서 9월 사이에는 반대로 아프리카 동해안에서 아라비아지역과 인도까지 남서계절풍이 분다(도표7-3).

이러한 몬순의 성질은 중세시대부터 아라비아인의 항해자들에게 알려져 있었다. 그들은 몬순을 이용하여 오래전부터 다우라고 불리는 커다란 삼각돛이 달린 배에서 아라비아·인도와 아프리카 동해안 간의 교역을 활발히 행해왔다. 그렇기 때문에 아프리카의 동해안에 이슬람이나 아라비아문화가 들어올 수 있게 된 것이다.

페르시아 만안에서는 대추야자나 물고기를, 반대로 동아프리카에서는 맹그로브Mangrove 목재나 향신료인 클로브Clove 등이 운반되었다. 또한 아라비아 사람에 의해 서아프리카에서 데리고 온 노예는 중동을 경유해 동아프리카의 연안 도시부까지 들어가게 되었다.

그 결과 탄자니아의 잔지바르, 케냐의 몸바사, 라무, 마린디 등의 도시가 번영할 수 있었다. 또 케냐나 탄자니아에서 사용하고 있는 스와힐리어는 반투어와 아라비아어의 융합으로 생긴 산물인데, 그 중심에는 바로 해안부가 존재했다.

동아프리카는 우기와 건기가 있는 사바나기후가 탁월해서 적도 부근에는 3~5월과 10~11월, 두 번의 우기가 나타난다. 그리고 케냐 북부에는 3~5월, 탄자니아에는 11~5월, 에티오피아는 6~9월, 단 한 차례의 우기가 온다. 연 강수량이 500밀리리터 이하로 적은 케냐 북부는 부시랜드Bushland 혹은 반¥사막이 펼쳐져 있다.

세계 유수의 다우지역 ― 서아프리카

서아프리카 서부의 해안지대에는 해발 700~1,900미터의 푸타잘롱 산지, 로마 산지, 님바 산지가 해안선에 평행하게 늘어서 있기 때문에 대서양에서 불어오는 습윤한 기류가 강제적으로 상승되어 연 강수량이 4,000~5,000밀리미터나 되는 세계 유수의 다우多雨지역이다.

이들 산지에서는 서아프리카의 2대 하천인 니젤강과 세네갈강이 시작되는데 '남쪽이 높고 북쪽이 낮다'는 아프리카의 지형적 제약을 받아 두 강 모두 북쪽을 향해 흐르고 있다. 니젤강은 원류가 다우지역인 푸타잘롱 산지에 있기 때문에 그 풍부한 수량에 의해 사막을 횡단해 기니만까지 달하는 외래

하천이다.

니젤강은 전체 길이가 410킬로미터나 되는 아프리카에서 세 번째로 긴 강이며 푸타잘롱 산지에서 시작되고 말리의 가오 부근까지는 북동으로 흐르다가 거기서 남동쪽으로 방향을 바꾸어 말리 중부에 대습지대를 형성시킨다. 이 니젤강의 대만곡부大彎曲部, 즉 사막에 크게 뻗쳐 있는 지역에는 니젤 내륙삼각주가 만들어져 있다. 이 지역은 풍족한 자연조건을 갖추고 있어 가나 제국(8~11세기), 말리 제국(13~14세기), 가오(송가이) 제국(15~16세기) 등이 형성되었다. 니젤강이나 세네갈강 상류지역의 금, 북아프리카의 상품, 사하라의 암염 등의 무역을 통해 번영하였고 젠네, 가오, 통북투 등의 교역 도시가 융성하였다. 또한 하류의 니젤델타에는 17~18세기에 베닌 왕국이 번영하는 등 니젤강은 서아프리카의 역사, 문화, 경제, 사회에 있어서 중요한 구실을 해왔다.

서아프리카의 기후는 북방의 대륙성기단과 남방의 해양성기단이 접하는 열대수렴대의 남북 이동의 지배를 받고 있다. 열대수렴대의 남측에는 대서양에서 습한 남서몬순에 덮여 비가 많이 내리며 북측에는 사하라 기원의 마른 북동무역풍인 하르마탄이 탁월하기 때문에 건조하다. 열대수렴대가 남하하는 12~2월에는 내륙부의 상당 부분이 건조하고 해안지역도 건조해진다.

열대수렴대가 북상하는 6~8월에는 북부지역에 짧은 우기가 찾아온다. 해안지역은 서부 기니부터 라이베리아에 걸쳐 5~10월에 우기가 오며, 동부 코트디부아르에서 나이지리아까지는 열대수렴대가 가장 북상하는 8월에 건조하기 때문에 우기는 4~7월과 10월 두 차례로 나뉜다(가도무라, 1985).

이런 기후 환경의 영향으로 식생도 띠 모양으로 분포되어 있다(도표 7-4). 해안부의 다우지역은 다양한 수종으로 이루어진 열대우림이 있고 그 북측

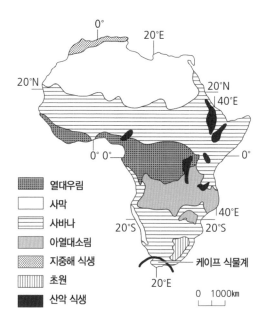

도표 7-4 아프리카 대륙의 식물분포(오키쓰, 2005)

은 기니 사바나라고 불리는 수목이 많은 사바나가 분포되어 있다. 그 사바나
의 대부분은 이동화전경작移動火田耕作 등의 영향으로 삼림이 파괴된 곳이다.
그리고 그 북측은 드문드문하게 수목이 생육하는 수단 사바나로 형성되어
있다. 사바나지대는 토양이 얇고 라테라이트(큐이라스 혹은 페리크리트)라 불
리는 적갈색의 철질鐵質의 단단한 피각이 지표에 노출된 경우도 있어서 농작
에는 적절하지 않은 거친 토지가 많다.

사바나의 비교적 비의 양이 많은 소림疏林지대에 자생하는 수목에는 바오
밥, 타마린드Tamarind, 펄기아, 시어 버터 나무 등이 있고 그것들은 주민 생활
과 밀접한 관계를 갖고 있다.

전반적으로 많은 비가 내리는 기니 만안 지역 중 가나 동부에서 베냉Benin
에 이르는 해안은 두드러진 소우지역이다. 여기에서는 열대우림이 중단되

고 대신 사바나 초원이 분포되어 바오바브나무를 볼 수 있다. 이곳은 생물지리학상 '다호메이의 갭'이라 불리던 지역인데, 침팬지 등 열대우림성의 동물 분포까지도 가로막은 경계지다.

기니 몬순과 열대우림—중앙아프리카

기니만에 발생하는 기니 몬순이 연중 세차게 부는 카메룬산(4,095미터)의 남서 기슭에는 연 강수량이 1만 밀리미터에 달하는 다우지역이 있고, 카메룬 내륙부에서 중앙아프리카의 남부는 연 강수량이 1,500밀리미터 내외로 적어지지만 확실한 건기가 없기 때문에 콩고분지에서 이어진 열대우림에 덮여 있다(가도무라, 1985). 사헬지대에 속하는 차드 호수 부근은 10월에서 5월까지 8개월간 극심한 건기이며 연 강수량도 수백 밀리미터까지 감소한다.

열대우림지대는 적도를 사이에 두고 남북으로 4도 정도에 위치한 지역이라 연중 기니 몬순에 덮여 있기 때문에 확실한 건기는 아니지만 연 강수량도 1,500~2,000밀리미터로 그렇게 많은 편이 아니다. 열대우림지대의 바깥쪽은 사바나 소림이 퍼져 있고 남반구에는 미옴보Miombo라 불리는 소림이 분포하고 있다.

콩고민주공화국 북부의 열대우림에서 사바나까지의 이행대移行帶는 12~1월이 건조하고 동경 15도 부근의 서측과 남위 3도 부근의 남측은 6~9월이 명료한 건기다(가도무라, 1985).

칼라하리분지, 나미브사막, 마다가스카르—남아프리카

남아프리카에는 칼라하리분지(해발 300~1,000미터)와 이 분지를 감싸고 있는 해발 1,200~1,800미터의 고산이 분포되어 있다.

칼라하리분지에는 동서 양측에 노출되어 있는 오래된 결정질암석을 덮은 '칼라하리 모래'라는 퇴적물인 백아기 이후의 사질이 넓게 분포되어 있다(가도무라, 1985). 이 지역은 칼라하리분지에 저기압이 형성되는 시기에 인도양에서 불어 들어오는 동풍에 의해 비가 내리게 된다.

과거의 건조기에 형성된 낡은 사구열이나 팬(풍식요지)이 분포하고 있지만 현재의 기후 환경 아래에는 현저한 모래의 이동이 보이지 않는다. 앞서 말한 것처럼 대서양안에는 한류인 벵겔라 해류의 영향을 받아 나미브사막이 형성되었다.

남아프리카 최대의 하천인 잠베지강은 잠비아와 짐바브웨의 국경에 폭이 최대 1,701미터, 낙차가 118미터인 빅토리아 폭포가 형성되어 있다(사진 1-9). 잠베지강은 모잠비크를 횡단하며 하류 부분에 커다란 삼각주를 만들고 있다. 강이 하구 부근에서 분류되어 해저에 모래나 진흙을 퇴적시켰고 그것이 지표에 삼각형 모양으로 나타난 지형이 삼각주다. 또한 같은 남아프리카라도 한류의 벵겔라 해류가 흐르는 대서양안과는 다르게 인도양 쪽은 난류의 모잠비크 해류의 영향으로 고온다우하다.

아프리카 남부, 인도양에 떠 있는 마다가스카르는 세계에서 네 번째로 면적이 큰(약 59만 평방킬로미터) 섬이다. 섬 중앙부에는 최고점 2,876미터의 척량산맥等뼈처럼 길게 이어진 지역을 분단하는 산맥이 있다. 그 때문에 산맥이 인도양에서 불어오는 남동무역풍이나 몬순의 장벽이 되어 섬의 동쪽은 연 강수량 3,000밀리미터를 넘기는 지역이지만 그에 비해 서쪽은 2,000밀리미터 이하, 특히 남서부에는 300밀리미터도 채우지 못하는 지역이 존재한다.

식생도 강수량의 차이에 따라 동안저지東岸低地의 열대우림에서 서안저지의 우드랜드 사바나, 고지의 초원 등 다양하다.

제1장에서 말했듯이 대륙 분열에 의해 1억 6,500만 년 전에 아프리카

와 마다가스카르 인도 아대륙이 분리되었고 8,800만 년 전에 마다가스카르는 인도 아대륙에서 분리되었다. 그 후 곤드와나 대륙의 파쇄괴破碎塊, 파쇄된 덩어리는 긴 시간 독립된 섬으로서 존속하고 있기 때문에 마다가스카르는 700속 8,000종을 넘는 식물이 존재하며 그중 20퍼센트 이상의 속과 80퍼센트 이상의 종이 이 섬에만 존재하는 고유종이다.

또 아프리카에서 흔히 볼 수 있는 거목 바오바브(사진 7-1)는 그 분포의 중심이 마다가스카르에 있고 적어도 7종 이상이 분포하고 있다. 마다가스카르에는 곤충류나 파충류, 조류 등도 고유종이 많고 그중에도 원원류原猿類인 여우원숭이류가 많이 분포하고 있다. 한편, 네발 달린 포유류는 거의 살고 있지 않다.

아프리카 대륙 남단부에는 고생대 후기~중생대 전기의 퇴적암에 덮인 고원이 있고 해발 1,200미터 이상의 고지는 '하이벨트High belt'라 불린다. 하이벨트는 동쪽으로 향할수록 높아지고, 레소토와 남아프리카공화국의 경계에는 드라켄즈버그산맥(최고점 3,482미터)이 가로막고 있어서 레소토에서 남아프리카공화국으로 향한 가파른 언덕 때문에 움푹 들어가 있다. 드라켄즈버그산맥은 인도양에서 오는 습윤한 남동무역풍을 차단하기 때문에 산맥의 동쪽에서는 강수량이 1,000~1,500밀리미터가 넘지만 서쪽에서는 800밀리미터 이하 정도로 감소된다.

최남단인 케이프타운 부근에는 동서를 달리는 습곡대褶曲帶가 있고 침식에서 뒤처진 단단한 사암층으로 이루어진 몇 줄의 평행한 배사산릉背斜山稜, anticlinal ridge이 존재하는데 그 전형적인 예가 케이프타운에서 볼 수 있는 테이블 마운틴이다(사진 7-2). 이곳 케이프타운 부근은 겨울이 되면 온대저기압의 영향으로 비오는 날이 계속된다.

사진 7-1 나미비아의 반＊건조지에 보이는 바오바브나무. 굵은 줄기의 안은 스펀지 모양으로 되어 있어 뿌리가 지하수에서 물을 퍼 올려 줄기 안에 모아둔다.

사진 7-2 테이블 마운틴

나일강과 사하라사막─북아프리카

북아프리카의 최대 특징은 사하라사막과 나일강이다. 사하라사막은 면적 910평방킬로미터로 아프리카 대륙의 30퍼센트를 차지한다. 나일강은 이런 불모의 사막 안을 관류하고 지중해까지 도달한다. 아프리카에 있어 나일강이 갖고 있는 역할은 더없이 크다.

나일강의 원류 지역은 백나일강이 빅토리아 호수 주변, 청나일강이 에티오피아고원인 타나 호수 부근이다. 이 원류 지역의 융설수 함량에 따라 7월 중순부터 11~12월을 증수기增水期, 1월부터 6월을 감수기減水期라고 하며 더없이 정확한 증감수增減水의 주기를 가지고 있다. 나일강은 물과 함께 비옥한 충적토를 옮겨주기 때문에 예로부터 하구의 나일 삼각주를 풍부한 농지로 만들어주었다.

사하라사막은 과거의 기후변동에 의해 크게 변화했다. 2만 년 전의 최종 빙하기 전성기에 사하라사막의 남쪽 가장자리는 지금보다 500킬로미터 남하했고 사하라사막이 크게 넓어졌다. 빙하기가 끝나자 남쪽 가장자리는 북상했고, 가장 온난·습윤했던 시대에는 아하가르 산지의 북방까지 북상했다. 제2장에서 보았듯이 이 때문에 사하라사막은 식생에 넓게 덮여 '녹색 사하라'라고 불리는 시대가 있었다.

지중해 연안에는 아프리카 대륙에서 유일한 신규 조산대인 아트라스산맥이 이어져 있는데 이 지역은 지진이 잦다. 산맥의 지중해 방향은 지중해성 기후로 겨울에 비가 많이 내리며 산악부에는 겨울에 많은 양의 눈이 내린다.

3.
아프리카의
식생

열대우림의 식생

열대우림이 분포하는 곳은 주로 적도 주변의 열대지방이다(도표 7-4). 적도 부근은 기온이 높고 상승기류가 발달해서 비가 일 년 내내 내린다. 강수량은 통상 2,000밀리미터이며 경우에 따라 4,000밀리미터 이상의 많은 비가 내리는 지역이다. 그래서 1년 내내 잎을 피우며 잎에서 수분이 증발한다고 해도 비가 항상 내리기 때문에 나무가 고사하는 경우는 없다. 또 1년 중 잎을 피우고 있으면 일 년 내내 광합성을 할 수 있기 때문에 수목의 성장도 좋아서 최대 높이가 70미터에 달한다. 수목은 수직으로 3~5층의 층구조層構造를 만들어 최상부의 수관이 빈틈없이 잇닿아 있는 임관林冠을 형성하고 있다(사진 7-3).

열대우림지역은 1년을 통틀어 거의 건기가 없는 장소다. 강수량이 연간 1,000밀리미터 이하인 대지구대의 동쪽에는 열대우림이 분포되어 있지 않다.

사진 7-3 우간다와 콩고민주공화국 국경 부근에 펼쳐진 열대우림

제1장의 곤드와나 대륙의 분열 부분에서 설명했듯이 아프리카 대륙의 열대우림은 같은 구식물계에 있는 동남아시아의 열대우림보다 오히려 신열대식물계인 중남미 쪽의 열대우림과의 유사성이 확인되었다(Gentry, 1988).

열대우림은 수종이 상당히 많고 한 개의 숲에 다양한 수종이 생육하고 있다. 또 일반적으로 단단한 수목(경목硬木)이 많으며 교통편이 나쁘기 때문에 펄프 재료로 사용되는 냉대림보다 이용 가치가 낮았다. 하지만 자단紫檀, 흑단黑檀, 티크Teak, 마편초과科의 열대성 낙엽교목喬木처럼 단단한 목질의 수목은 조각을 하기 쉽고 자단이나 흑단의 불상 등 가구 재료로 이용가치가 높다. 열대우림의 수목은 뿌리가 수직으로 평평하게 발육하므로 지표에 노출되는 판근板根, buttress root을 가진 나무가 많다(사진 7-4).

열대우림은 기니만 연안의 리베리아, 가나, 나이지리아에서부터 카메룬, 중앙아프리카공화국, 가봉, 콩고공화국, 콩고민주공화국에 분포되어 있다.

사진 7-4 열대우림에서 흔히 볼 수 있는 판근(기니). 나무 높이가 높은 열대우림은 뿌리에 줄기가 지탱하고 있다.

카메룬 열대우림에서의 조사에 의하면 1.71 헥타르의 벨트 중 105종류의 식물이 생육하고 1헥타르 당 1,176개의 개체가 있다. 그중 제일 두꺼운 나무의 직경은 160센티미터였다고 한다(Kaji, 1985).

아프리카의 열대우림은 '다호메이의 갭'이라 불리며 폭 600킬로미터인 기니 만안에 도달하는 사바나에 의해 동서 2개의 블록으로 분단되어 있다. 강수량이 많은 열대우림대와 비교해보면 어떤 이유에서인지 다호메이의 갭 부분은 비의 양이 적다. 그렇지만 그 원인에 대한 결정적인 이유는 아직 나오지 않고 있다. 유력한 설로는 다음 두 가지가 있다. (1) 이 부근의 해안선이 북동 방향으로 지나고 있기 때문에 남서에서 부는 몬순이 내륙에 진입할 수 없다. (2) 난바다 쪽의 기니만에서 심층수가 용승湧昇해서 대기가 차가워지고 안정되므로 비가 내리기 어렵다(가도무라, 1992).

열대우림 남쪽에 펼쳐진 미온보 숲

열대우림의 남측, 남위 5~20도의 해발 800~1,800미터 지대에는 아열대소림이 분포되어 있다(오키쓰, 2005). 이 지대의 강수량은 대략 700~1,200밀리미터다. 식생은 얇고 긴 수관을 가졌으며 두껍고 소형이다. 그리고 암녹색의 상록常綠, 반상록半常綠의 잎을 가진 고목, 저목의 소림이다. 이곳은 우점종인 브라치스테기아Brachystegia속 수목(실거리나무과, Caesalpinia decapetala var. japonica)의 아프리카 이름을 따서 미온보 숲이라 불리고 있다(Knapp, 1973)(사진 7-5).

미온보 숲 수목의 높이는 10~20미터에 달하는데 수목 수관의 폭이 좁으며 얇고 긴 수관을 갖고 있기 때문에 숲 안에 들어가도 하늘을 볼 수 있는 밝은 숲이다. 아열대소림은 열대우림의 남쪽뿐이며 북쪽에는 존재하지 않는다. 남반구에 이런 아열대소림이 특히 발달해 있는 이유는 아프리카의 적도

사진 7-5 아열대소림에 있는 미온보 숲(말라위). 길쭉한 나무줄기를 가지고 있기 때문에 숲 속에서도 하늘이 보이는 밝은 삼림이다.

북쪽은 급격하게 강수량이 줄고 있고 그에 반해 적도 남쪽은 서서히 강수량이 줄어들고 있기 때문이라고 예상되고 있다.

흥미로운 것은 미온보 숲 속에는 열대우림이 패치상에 침입하고 있다는 점이다. 후지타 토모히로가 말라위에서 한 연구에 따르면 미온보 숲 속에 있는 무화과 열매를 먹기 위해 열대우림에서 날아온 샬로우 에보시도리Scha-low's Turaco라는 새가 배변을 하면 열대우림의 수목 종자가 살포되고 그 무화과를 중심으로 미온보 숲 안에 열대우림 패치가 확대된다고 한다(Fujita, 2014; 2016). 수목의 분포에는 이처럼 새 등의 동물에 의한 종자 살포도 크게 관계되는 것이다.

열대우림에 사는 고릴라

대형 유인원은 지구상에 오랑우탄, 고릴라, 침팬지, 보노보 등 네 종류밖에 없지만 전부 열대우림에 생육하고 있다.

고릴라는 서부저지대고릴라, 동부고릴라, 마운틴고릴라 등 3종이 존재하는데 나는 우간다 브윈디 국립공원에서 마운틴고릴라를 관찰한 적이 있다. 내가 관찰할 때에는 고릴라 한 무리가 있는 숲에 하루 4명밖에 들어갈 수 없다는 규칙이 있었다. 관찰할 수 있는 시간도 불과 30분 정도였다. 시간이나 사람의 수가 제한되어 있는 이유는 고릴라가 스트레스를 많이 받는 동물이기 때문이며, 또한 인간에게서 인플루엔자 등의 병이 옮지 않도록 하기 위해서다. 15세 이하의 어린이나 감기에 걸린 사람도 견학이 금지되어 있다. 나는 관리인의 안내로 무덥고 발 디디기도 힘든 그 숲 속에서 고릴라를 찾아 헤매었고, 2시간 정도 만에 가까스로 수컷 1마리, 암컷 2마리의 무리를 만날 수 있었다. 고릴라는 내가 수 미터의 거리까지 가까이 가도 모른 척 우적우적 풀을 씹어 먹고 있었다(사진 7-6). 고릴라는 초식동물이기 때문에 커다

사진 7-6 열대우림에 사는 고릴라. 초식동물인 고릴라는 큰 체구를 유지하기 위해 계속 식물을 먹는다.

사진 7-7 열대우림에 서식하는 어린 침팬지

란 몸을 유지하기 위해 식물의 잎이나 싹, 과실, 개미, 흰개미 등을 계속해서 먹어야 한다.

여담이긴 하지만 수컷 고릴라는 굉장히 재미있는 특징을 가지고 있다. 인간 남성과 똑같이 변성이 있고 또 혈액형이 B형뿐이라는 점이다.

고릴라 연구자인 야마기와 주이치가 두 마리 고릴라의 교미를 관찰한 적이 있는데 몸을 둥글게 만 고릴라가 암컷이라고 생각했으나 그 고릴라에게 성기가 달려 있는 것을 보고 몹시 놀랐다고 한다(야마기와, 1998). 양쪽 모두 수컷이었던 것이다. 야마기와는 동성애적인 행위를 할 때 사정을 하는 수컷 고릴라도 본적이 있다고 한다. 고릴라도 동성애적 행위를 한다는 것에 놀랐지만 그와 동시에 여러 가지 의미로 역시나 인간과 가까운 동물이라는 점을 실감하게 해주는 이야기였다.

참고로 나는 서아프리카 기니 남단의 리베리아 국경과 가까운 님바산 근처의 봇소라는 숲에서 침팬지 무리를 관찰한 적이 있다. 어미 침팬지가 아기 침팬지를 대하는 방식이나 아기 침팬지가 천진하게 노는 모습은 인간과 똑닮아 있었다. 관찰하다 보면 어느새 흐뭇하게 미소가 지어지는 광경이 여럿 있었다(사진 7-7).

사바나의 식생

열대우림지대의 바깥쪽은 사바나가 분포하고 있다.

사바나에는 우기와 건기가 있으며 비가 내리지 않는 건기에는 수목에 잎이 달려 있으면 나무가 말라버리기 때문에 건기에는 잎의 수분이 증발하는 것을 막기 위해 계절적으로 잎을 떨어트리는 낙엽광엽수목이 넓게 분포되어 있다.

사바나는 열대우림 북측의 20도 부근까지 퍼져 있고 4~8개월의 건기가 있다. 건기에는 수목에 잎이 없어 광합성의 양이 적기 때문에 수목의 키가 낮고 수관은 우산 모양을 하고 있다(사진 7-8). 일반적으로 수관의 모양과 뿌리를 뻗는 방식은 비슷한 경우가 많다. 그리고 사바나의 수목은 우산처럼 넓은 범위에 뿌리를 두르고 넓은 범위에서 수분을 흡수하고 있다.

이들 수목의 주변에는 키가 큰 초원이 펼쳐져 있고 그곳에는 야생동물이 생육하기 적합한 장소가 되어 있다. 80센티미터 이상의 키가 큰 볏과 초목이 넓게 자라고 있는데 거기에 섞인 목본木本의 높이와 밀도에 의해 소림(우드랜드), 고목사바나, 초목사바나, 초원 등으로 구분된다.

아프리카 대륙에는 사바나가 45퍼센트를 차지하고 있고 아프리카의 특징적인 식생으로 이루어져 있다. 또한 사바나는 습성사바나, 건성사바나, 가시사바나(유극저목림有棘低木林)로 구분되어 있는 곳도 있다.

습성사바나는 코트디부아르, 가나, 나이지리아 북측에서부터 모리타니,

사진 7-8 아카시아 같은 우산 모양의 수관을 가진 낙엽활엽수목과 신장이 높은 초원으로 이루어진 사바나(케냐)

말리, 니젤, 차드 남측에 걸쳐 분포한다.

한편, 건성사바나에는 건성림乾性林, 건성저목림乾性低木林이 있고 건성림은 바오바브처럼 특징적인 수목이 숲을 만들고 있으며 바오바브 숲은 앙골라 서부, 잠비아, 수단, 청나일 유역에서 볼 수 있다. 건성림보다 마른 지역에 자리한 건성저목림은 탄자니아, 수단, 에티오피아고지, 앙골라 등에서 볼 수 있다. 이런 건조지역은 최근 코끼리에 의한 피해가 많아서 수목이 감소하고 있다(Barnes, 1985; Mwalyosi, 1987).

가시사바나는 사헬지방, 에티오피아 일부, 소말리아, 남동수단, 케냐, 북쪽 및 중앙탄자니아에 분포되어 있다.

사바나의 흰개미 무덤

사바나의 낮은 햇빛이 강하고 덥다. 그 때문에 야생동물이 움직이고 돌아다니는 것은 시원한 아침과 저녁이다. (단, 표범 등은 야행성이다.) 또 사바나의 초원에는 흰개미 무덤을 자주 볼 수 있다(사진 7-9).

흰개미는 사실 개미와 같은 부류가 아닌 바퀴벌레 부류다. 흰개미 무덤은 흰개미의 배설물과 흙을 타액(침)과 섞어서 쌓아올린 것으로 크기가 큰 것은 직경 30센티미터, 높이는 10미터에 달한다. 한 개의 흰개미 무덤 안에는 수백만 마리의 흰개미가 살고 있다고 한다.

무덤 내부에는 다수의 통기구가 열려 있기 때문에 낮에는 시원하고 밤에는 따뜻한 자연적인 공기 설비를 갖추고 있다. 흰개미 무덤에는 나무가 자라고 있는 경우가 많은데, 나무가 먼저 자라고 거기에 흰개미 무덤이 생기는 것인지, 흰개미 무덤이 있는 곳에 나무가 자라는 것인지는 알지 못한다. 야마시나 치사토는 오랫동안 나미비아의 흰개미 무덤을 조사했으며 그 차이는 그 장소의 환경에 따라 다르다는 것을 알아냈다(야마시나, 2016). 아프

사진 7-9 사바나에서 흔히 볼 수 있는 흰개미 무덤(케냐).

리카에서는 흰개미 무덤의 흙을 소똥과 섞어서 집의 벽을 만들 때 이용하고 있다.

나미비아의 사바나에 넓게 분포하고 있는 수목 중 콩과의 실거리나무아과 반낙엽수인 모파인은 강바닥 등 낮고 평평한 토지에 자리 잡고 있기 때문에 현지 주민들의 땔감이나 건축 재료로 유용하게 사용되고 있다. 이 지역에서 염소의 방목과 식생의 관계를 조사했던 데시로기 코키에 의하면 잎이 달린 수종이 적은 건기에는 염소는 항상 모파인 잎을 뜯어먹고 있었지만 수종이 풍부한 우기에는 염소가 좋아하는 잎을 먹이기 위해 건기 때와는 다른 방목 루트를 선택한다고 한다(데시로기, 2016).

또한 후지오카 유이치로에 의하면 이 모파인 잎을 먹는 모파인 벌레라는 나방의 유충은 현지 주민에게 귀중한 식재료가 되고 있다고 한다. 나미비아의 도시인 빈트후크의 중심가 레스토랑에는 '토마토 소스 모파인 벌레'라는 메뉴가 있는데 후지오카가 주문을 하자 토마토 소스에 버무린 살찐 나방의 유충이 그대로 접시에 담겨 나왔다고 한다(후지오카, 2016).

서아프리카의 기니에서 세네갈 사바나-열대우림지역에는 라테라이트(큐이라스 혹은 페리크리트)라 불리는 적갈색의 철피각(철반층)이 넓게 분포하고 있다. 철피각의 지면은 단단하여 곡괭이를 사용하지 않으면 팔 수가 없기 때문에 경작할 때 큰 장애가 된다. 습윤지에서 건조지로 향하는 순서대로 철이 풍부한 페리크리트, 규산이 풍부한 실크리트, 석화가 풍부한 칼크리트가 형성되어 있다.

참고로 나미브사막에 있는 나미비아나 칼라하리분지에 있는 보츠나와에는 지표 부근에 형성된 단단한 칼크리트를 채굴하여 그것을 미포장 도로에 뿌린 후 지표면을 굳혀서 간이포장을 하고 있다. 그렇기 때문에 적갈색의 토양이 펼쳐진 곳에 도로가 있는 부분만이 하얗게 되어 있다. 지면이 딱딱하여 깎이지 않고 흙 도로처럼 비 때문에 질퍽거리거나 바퀴가 빠지는 일이 없는 반면, 굉장히 미끄럽다. 그래서 현지를 방문하는 외국인이 일반적인 포장도로와 같은 느낌으로 운전을 하다가 차가 횡전橫轉되어 큰 사고를 내는 경우가 많았다. 예전 청년해외협력군은 아프리카에서 교통사고에 의한 거듭된 사망사고로 파견지에서 자동차 운전을 금지하는 일이 있을 정도였다.

스텝의 식생

기후가 사바나에서 더욱 건조하면 나무는 살지 못하고, 키가 작은 초원, 즉 스텝이 된다. 사바나보다 더욱 강수량이 적은 스텝에는 키가 작은(80센티미터 이하) 볏과의 초목이 끝없이 펼쳐져 있다.

스텝처럼 땅의 지층이 조금 촉촉하게 젖을 정도로만 비가 내리는 곳에서는 토양의 표층에 많은 잔뿌리를 온통 둘러서 부족한 수분을 알뜰하게 흡수할 수 있는 볏과 초목 같은 식물들이 살아남아 있다. 볏과 식물의 생물의 양(물질 양)은 지상부보다 지하부 쪽이 많다.

초원의 지상부는 가을에 말라 퇴적한다. 지하부 3분의 1정도의 뿌리는 겨울이 되면 말라버리고 뿌리가 썩은 부식을 지중에 퇴적시킨다. 이런 '리터Litter'라 불리는 식물의 유체遺體는 지렁이 등의 토양 동물의 움직임으로 다음 해 봄부터 여름까지 분해되어 부식하게 된다. 스텝 특유의 여름의 물 부족과 겨울의 추위는 이런 부식을 분해시키는 곰팡이나 박테리아의 활동을 더욱 정체시킨다. 그래서 그대로 부식이 된 채 두껍게 퇴적되어 두께가 1미터 이상 되는 부식층도 존재한다.

이 부식은 색이 검고, 또 유기물이기 때문에 칼륨이나 인 등의 영양 염류가 풍부하다. 그래서 스텝지형은 흙 색깔이 검은 '흑토지대'라고도 불린다. 러시아의 체르노좀Chernozyom이나 북미 프레리지방 등의 흑토지대는 밀이나 보리를 생산 공급하는 세계의 곡창지대다.

사막의 식생

스텝보다 더욱 건조해지면 식물이 거의 살 수 없는 사막이 된다. 아프리카 대륙의 특징 중 하나가 바로 이 사막이다. 사막이란 수목이 없고 드문드문 식생이 보이는 것을 지칭한다. 일반적으로 사막이라고 하면 모래사막을 떠올리는 사람이 많지만 사하라사막은 80퍼센트가 바위사막이다. 또 세계의 사막 대부분이 사실 암석사막(역사막礫砂漠)이다.

사막은 아프리카 대륙의 약 30퍼센트를 차지하는데 북부의 사하라사막과 남서부 대서양안의 나미브사막이 거기에 속한다. 예전 TV 퀴즈 프로그램에 '남아프리카공화국에서부터 나미비아, 보츠와나에 펼쳐진 사막을 뭐라고 할까?'라는 문제가 출제된 것을 본 적이 있다. 도전자는 '칼라하리사막'이라고 대답했고 사회자도 '정답'이라고 했지만 그 답은 틀린 답이다. 아프리카에 있는 사막은 사하라사막과 나미브사막 두 개뿐이다.

제2장에서 설명했듯이 나미브사막의 동쪽에 위치한 칼라하리 '사막'은 식생대로 보면 사막이 아닌 사바나 혹은 스텝이고, 어디까지나 '칼라하리사막'이라는 고유명사를 가진 사바나가 있다고 생각하면 된다.

이 '칼라하리사막'에는 수렵채집민인 산족(부시맨) 사람들이 살고 있다. 그들은 보츠와나나 나미비아 정부의 국립공원 안의 자연이나 야생동물의 보호 차원으로 정착화했으며 수렵이 제한되어 있다.

또한 같은 사막이라도 사하라사막과 나미브사막은 식생의 크기도 상이하다. 사하라사막의 동물은 그 남쪽 아프리카 대륙과 별로 공통성을 갖고 있지 않고 오히려 유라시아 대륙 중앙부와 관련이 깊다(오키쓰, 2005). 이런 점은 사하라사막의 식물상이 신생대의 제3기(6,430만 년 전~260만 년 전)부터 제4기(260만 년 전~현재)까지 유라시아 대륙 중앙부에서 아프리카 대륙 북부에 걸쳐 건조지역이 분포한 과정과 관련지어 성립되었다는 것을 나타내고 있다(Axelrod, 1958).

따라서 나미브사막과 사하라사막은 식생 경관이나 분포 환경이 서로 닮아 있지만 나미브사막이 사하라사막의 약 200배나 되는 식물종을 보유하고 있고 식물 다양성이 훨씬 높은 것(Cowling et al., 1998) 등 식물의 구성이나 성장은 양쪽이 전혀 다르다는 것이다(오키쓰, 2004). 이것은 나미브사막의 기원이 8,000만 년 전으로, 오래된 기원을 가진 것과 관계 있다고 생각된다(Seely, 1987; Juergens et al., 1997).

왜 사막에서 수박이 자라고 있는 것일까?

사막 등의 건조지역에는 다육식물을 많이 볼 수 있다. 선인장은 그런 전

나미브사막에서 볼 수 있는 다육식물인 등대풀속 유포르비아. 선인장처럼 수분을 잎에 비축하고 있기 때문에 다육이 되어 있다.

형적인 식물이며 스스로 체내에 수분을 보유하여 건조한 환경에서 견디고 있다. 나미브사막에는 잎이 퇴화해서 줄기가 다육화多肉化된 등대풀속 유포르비아Euphorbia가 자라고 있는데 그 모습이 마치 선인장처럼 보인다(사진 7-10). 앞서 다루었던 바오바브도 줄기 안이 스펀지처럼 되어 있어 수분을 보유할 수 있기 때문에 수목이 거대하고 두꺼운 것이다.

또한 수박의 원산지는 '칼라하리사막' 등 아프리카의 건조지라고 알려져 있다(사진 7-11). 왜 그런 싱싱한 과일이 건조한 지역에서 자라고 있는 걸까?

제5장에서 나미브사막의 계절하천을 따라 살고 있는 토프나르 사람들과 나라멜론의 관계에 대해서 다루었다. 나라멜론은 사구에 자연스럽게 자라고 있지만 이들 식물은 지하수까지 닿을 만큼 수십 미터가량의 뿌리를 뻗치고 있기 때문에 지하수에서 수분을 빨아올려 과실에 저장하고 있다. 뿌리가 물을 빨아올리는 힘은 뿌리의 길이와 관련이 없기 때문에 아무리 긴 뿌리라

아프리카의 건조지가 원산지인 야생 수박(나미비아). 열매는 전혀 달지 않다.

고 하더라도 빨아올릴 수 있다. 나라멜론은 가시를 가진 줄기의 해먹 안에 생육한다. 그리고 나라는 잎이 없다. 잎이 있으면 거기에서 수분이 증발하기 때문에 건조지에서는 잎이 작아지고 두툼해진다. 그 극한의 형태가 바로 가시다. 나라의 줄기나 가시에는 엽록소가 있기 때문에 잎이 없어도 광합성을 할 수 있는 것이다.

이렇게 건조지역이기 때문에 건조한 상황에서 살아남기 위한 전략으로 지하수까지 뿌리를 도달시켜 스스로 체내에 수분을 담기 위해 수박이나 나라멜론과 같은 싱싱한 과실이 자랄 수 있는 것이다.

케이프 식물계

위도 30~45도 대륙 서안, 즉 유럽의 스페인, 포르투갈, 이탈리아, 그리스 등의 지중해 연안지대와 북아메리카 서안의 캘리포니아, 호주 서남부의 퍼스 주변, 남미 대륙 서안의 칠레 등의 지역은 여름에 건조하고 겨울에 비가 내리는 지중해성기후다.

그리고 별로 알려져 있지는 않지만 아프리카 대륙 최남단에 있는 남아프리카공화국의 케이프타운 주변도 이 지중해성기후에 해당된다.

이 케이프타운 주변의 좁은 지역에는 세계 최소의 식물구계가 존재하고 있다. 식물구계란, 세계 각지의 식물상(플로라)을 형성하는 식물종을 비교하여 각각의 식물종이 가진 특징을 통해 몇 개의 지역으로 분류한 것을 말한다. 세계는 6개의 식물구계(전북식물계全北植物界, 남극식물계南極植物界, 신열대식물계新熱帶植物界, 구열대식물계舊熱帶植物界, 오스트레일리아식물계, 케이프식물계)로 나뉜다(도표 7-5).

케이프식물계는 그 외의 구계에 비해서 극단적으로 좁은 식물계다. 아프리카 대륙의 대양이 속하는 전북식물계나 구열대식물계의 크기와 비교해

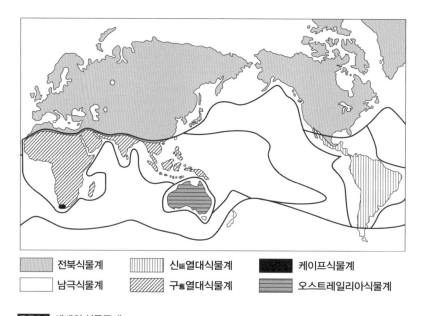

	전북식물계		신열대식물계		케이프식물계
	남극식물계		구열대식물계		오스트레일리아식물계

도표 7-5 세계의 식물구계

보면 지극히 좁은데, 이것으로 케이프식물계의 특이성을 알 수 있다.

케이프식물계에는 합계 8,550종(Myers et al., [2000]에서는 8,200종)의 유관속식물(이끼류, 말류(수초, 해초)를 제외한 식물)이 분포되어 있고 그중 73퍼센트, 6,252종이 이곳에만 있는 고유종이다(Goldblatt, 1978). 100평방 킬로미터당 종수는 다양한 식생을 자랑하는 일본열도가 1.04인 것에 비해 케이프식물계는 11.08로 타 지역에 비해 월등히 높은 수치다(표 7-1).

전에 나는 케이프식물계를 보기 위해 케이프타운에서 희망봉까지 가는

지역	기후 환경	면적 (100km²)	식물 종수	100km²당 식물 종수
필리핀	습윤열대	3,008	7,620	2.53
순다랜드	습윤열대	16,000	6,300	0.39
열대 안데스	습윤열대	12,580	45,000	3.58
브라질의 대서양 해안 숲	습윤열대	12,276	20,000	1.63
중앙아메리카	습윤열대	11,550	24,000	2.08
서아프리카 열대 숲	습윤열대	12,650	9,000	0.71
일본열도	습윤온대	3,700	3,857	1.04
중국 중·남부	습윤온대	8,000	12,000	1.50
캘리포니아 태평양 연안 숲	습윤온대	3,240	4,426	1.37
칠레 중부	습윤온대	3,000	3,429	1.14
뉴질랜드	습윤온대	2,705	2,300	0.85
브라질 세라도	반건조열대	17,832	10,000	0.56
칼카스	반건조온대	5,000	6,300	1.26
지중해 연안	반건조온대	23,620	25,000	1.06
호주 남부	반건조온대	3,099	5,469	1.77
케이프식물계	**반건조온대**	**740**	**8,200**	**11.08**

표7-1 세계 주요 생물다양성 핫스팟(Myers et al., [2000]에 의해 편집. 일본의 종수와 오오이 [1965]에 의거(오키쓰, 2005)

사진 7-12 케이프타운 주변에서 볼 수 있는 케이프펭귄

투어에 참가한 적이 있으며 투어 도중에 케이프펭귄 무리를 관찰할 수 있었다(사진 7-12).

한류인 뱅겔라 해류의 영향으로 희망봉 가까이에는 많은 펭귄이 서식하고 있었다. 그 후 케이프식물계의 여러 종의 식물이 해안 일대에 개화된 꽃들 사이를 자전거로 달렸는데 그것은 굉장한 체험이었다.

케이프타운 주변의 좁은 지역에는 왜 이렇게 특이한 식물구계가 생겼으며 많은 고유종이 있는 것일까?(사진 7-13, 7-14)

오키쓰의 설명에 따르면 그 이유는 지중해성기후 특유의 겨울비와 관련 있다고 한다. 이 지역은 여름에는 거의 강수가 없지만 안개가 발생하기 때문에 확실하게 건조를 막아준다. 겨울의 강수는 규칙적이며 변동이 지극히 적어 식물이 환경을 예상하기 좋게 되어 있다. 이런 기후 환경의 주변에는 다년생식물의 규칙적인 종자 생산, 발아, 정착이 가능한 것이다(오키쓰, 2005).

사진 7-13 케이프타운 주변의 식생. 케이프식물계에는 8,550종의 유관속식물이 있고, 종의 다양
성이 매우 높다.

사진 7-14 케이프타운 주변의 식생. 케이프식물계에는 6,252종의 고유종이 있다.

일반적으로 건조지역에는 혹독한 기후 환경 때문에 발아와 정착이 힘들어서 다년생식물은 수명이 길 수밖에 없지만 케이프식물계에서는 비교적 짧은 수명으로 세대교체를 할 수 있다. 그 결과 급속하게 종분화種分化가 진행되고 미미한 환경의 차이에 대응하면서 많은 종이 공존하게 되었다고 한다(오키쓰, 2005).

케이프식물계를 시작으로 표 7-1에 적힌 지역은 환경 NGO인 국제보호협회Conservation international에서 2000년도에 '생물다양성 핫스팟'으로 지정한 지역이다. '생물다양성 핫스팟'이란, 지구의 규모에서 생물다양성이 높음에도 불구하고 인류에 의해 파괴의 위험에 처해 있는 지역으로, 1988년에 영국의 생태학자 노먼 마이어스Norman Myers가 제창했다. 이 생물다양성 핫스팟에 지정되기 위한 조건은 두 개가 있는데 첫 번째는 '그 지역에 유관속식물의 고유종이 1,500종 이상 생육해야 한다'는 것이고, 두 번째는 '자연식생이 70퍼센트 이상 손상되어 파괴 위기에 처해 있어야 한다'는 것이다.

결국 세계에서 가장 생물다양성이 높은 이 지역은 동시에 현재 인류에 의해 식생의 파멸 위험에 처해 있다는 것이다.

필자의 연구는 '왜 고산에 갑자기 화초 군림지가 출현하게 된 것일까?'라는 의문을 확실히 증명하기 위한 졸업논문을 쓰면서부터 시작되었다.

조사를 위해 남알프스의 모든 산을 그저 한결 같이 돌아다녔었다. 당시에는 아직 체력이 좋은 편이어서 꽤나 무턱대고 다니곤 했었다. 그 이후 벌써 30년 이상의 세월이 흘렀다. 그리고 30년 만에 조사를 해보니 화초 군림지는 사슴들에 의한 피해로 크게 변해있었다. 30년 전만 해도 설마 화초 군림지가 사슴에게 먹혀 피해를 입을 것이라고는 꿈에도 상상하지 못했었다.

앞으로 10~20년 뒤에는 아프리카의 빙하가 모두 소멸된다. 케냐산이나 킬리만자로의 산꼭대기는 현지 사람들에게 있어 신앙적인 곳이다. 그들은 그곳에 신이 살고 있다고 여겨 아주 오래전부터 신성한 장소로 여겨왔다. 그래서 그들은 태양 빛에 반사된 빙하가 빛나고 있는 그 산꼭대기를 향해 기도를 드리며 가뭄이 들었을 때에는 기우제를 지내왔다. 그런 빙하가 머지않아 아프리카에서 사라지게 되는 것이다.

세계의 이곳저곳에서 시시각각으로 자연 변화가 일어나고 있으며, 사람들의 생활도 어떠한 형태로든 영향을 받고 있다. 세계에서 일어나는 기이한 자연현상을 관찰하다보면 1억년에 걸쳐 발생한 것부터 단 하루 만에 일어난 변화까지, 여러 경우가 존재함을 알 수 있다. 이 책에서는 특별히 고산이나 사막 등, 한계지대의 자연에 대해 주목했다. 그 이유는 한계지대에서는 아주 미세한 변화에도 자연이 받는 영향을 명료하게 나타내주기 때문이다. 하지만 한계지대가 아니더라도 그 변화는 천천히 그리고 확실하게 드러나고 있다. 독자 여러분들이 어딘가를 방문하게 된다면 반드시 그곳에 무언가 신기한 자연환경이 있지는 않은지 주의 깊게 관찰해보길 바란다.

지구의 환경은 길고 긴 역사 속에서 큰 변화를 거쳐왔다. 빙하시대를 거쳐 소빙하기가 찾아오거나 조문 시대처럼 온난한 기후의 시대를 겪기도 했다. 그러한 기후변동은 우리 주변의 자연에 영향을 끼쳤고, 그러한 가운데 인류는 그 변화를 극복하며 노력해왔다.

세계의 역사는 모든 인간에 의해서 만들어진 것이 아니라 급격히 변화하는 기후나 자연환경 속에서도 열심히 노력해 나아가는 사람들에 의해 만들어진 것이다.

이 책은 NHK 출판사의 이토 슈이치로 씨와 이가라시 히로미 씨가 힘써주지 않았더라면 출판하기 힘들었을 것이다. 여기서 다시 한 번 깊은 감사의 마음을 전한다.

필자는 지금까지 나미비아와 같은 건조 지역이나 케냐 산과 안데스와 같은 열대고산에서 주로 문부과학성의 과학연구비를 지원 받는 연구 프로젝트를 통해 조사를 행해왔다.

과학연구비가 있었기 때문에 장기간에 걸친 조사를 할 수 있었다. 보조해 주신 분들께 감사를 표한다. 그리고 그 프로젝트의 멤버들에게도 큰 도움을 받아왔다. 원본 그림이나 사진도 제공받을 수 있었다. 이 자리를 빌어 감사의 말을 전하고 싶다. 2001년부터 8년간 나미비아의 과학연구 프로젝트를 함께 해온 치바 대학교 원예학부 교수인 오키쓰 스스무 씨에게는 현지에서나 연구회 등에서 여러 가지로 조언을 받았다. 나미비아 사막에서는 오키쓰 씨가 요리한 저녁밥과 시원한 맥주로 이야기꽃을 피우기도 했었다. 그 후에도 2013년의 안데스 조사 때도 와 주었다. 오키쓰 씨가 2016년 2월 26일 급사한 일은 정말로 안타깝고 침통했다. 나와 나의 지도학생들이 오키쓰 씨를 통해 얻은 것은 헤아릴 수가 없다. 이 책을 오키쓰 씨에게 바치고 싶다.

미즈노 카즈하루

지구의 역사와 환경에 관한
흥미로운 이야기

기후변동과 인간의 삶

50억 년의 지구의 역사에서 기후는 끊임없이 변화했다. 혹자는 지금의 급작스러운 기후변동 역시 과거에 그랬던 것처럼 자연스러운 현상 중 하나라고 설명한다. 하지만 현대를 살아가는 인간의 입장에서는 그것이 아무리 자연스러운 현상이라고 해도 생명에 즉각적인 위협을 받는다면 심각한 일이 아닐 수 없다.

이 책을 읽으며 단연 관심이 가는 대목은 '온난화'였다. 전에 경험하지 못했던 무더위와 함께 엎친 데 덮친 격으로 더욱 심각해진 초미세먼지, 황사 등은 뜨거워진 지구와 함께 어느새 우리 인간들의 생활 영역으로 깊숙하게 침투했다. 최근 극성을 부리는 환경문제들과 책에서 소개되는 내용들이 자연스럽게 겹치는 건 나만의 생각일까.

50억 년을 살아남은 지구의 생명체들은 모두 기후변동에 맞춰 자신을 최적화시켰고, 결국 그것이 생존의 핵심 열쇠가 되었다. 그런데 우리 인간들의 삶은 어떠한가? 우리는 지금 기후변동에 잘 대처하며 살고 있는가?

본문에서 소개된 케냐산 빙하의 소멸 문제나 동식물의 이동에 따른 생태계의 변화에 관한 내용을 접하면서 '그저 단순한 문제는 아니구나'라는 생

각이 들었다. 지금 우리를 엄습하고 있는 이상 기온, 환경문제 등에 생각이
미친 것이다. '온난화'라는 단어는 전 세계적으로 많은 관심을 불러일으키
지만 실제로 온난화와 삼림의 파괴 등 자연의 변화에 대한 경각심으로 하루
하루를 살고 있는 사람은 많지 않은 것 같다.

지구는 오랜 시간 많은 변화를 거쳐 지금에 이르렀고, 한계지대의 식물들
은 시간 단위로 변화를 감지하며 생존을 위해 하루하루를 치열하게 살아가
고 있다. 그에 반해 우리들은 불과 몇 년 전만 해도 경험하지 못했던 자연현
상을 눈으로 확인하면서도 소극적인 대처 방안만을 늘어놓고 있는 것이 현
실이다.

자연의 위대함

이 책에서 다루는 환경 관련 이슈는 어떠한 특정 계층이 알아야 하는 것
이 아닌 이 지구에 살고 있는 모든 인간이 실천하고 자각해야 할 사항이다.
환경은 지구상의 모든 생명체의 생존과 직결되기 때문이다.

십여 년 전 인도네시아의 쓰나미 사태 때 뉴스로 전해졌던 영상의 충격을
잊지 못한다. 쓰나미라는 단어를 처음 알게 됐던 그 뉴스에서 수십 미터의
파도가 아름다운 휴양지와 수백 명의 사람을 집어삼키는 그 모습은 너무나
도 큰 충격으로 다가왔다.

일본 유학 시절 겪었던 동일본대지진 당시에도 자연이 일으킨 작은 움직
임에 아무것도 할 수 없는 인간의 무력함 때문에 공포에 떨었었다. 우리 인
간은 자연의 위대함을 잘 알면서도 일상생활에서는 간과하며 살아간다. 변
화하는 지구의 환경에 따라 적응하며 한계지역에서도 꿋꿋하게 살아가는
동식물들처럼 우리도 그저 아무것도 하지 않은 채 적응하며 살아가야 하는
것일까? 케냐산의 빙하가 수십 년 안에 모두 소멸될 것이라는 예측을 하면

서도 우리 인간들은 이 더위와 추위를 견디고 적응하며 그냥 막연히 살아가
야 하는 것일까?

자연환경에 관한 흥미로운 이야기

이 책에서 언급된 야마노테선 전철 이야기는 지형에 따라 다르게 설계된
전철 노선에 관한 흥미로운 이야기다. 일본 유학 시절 자주 이용했지만 당시
에는 그저 무심하게 지나쳤던 기억이 있다. 전철 바깥 풍경 속에도 실은 수
억 년의 역사와 이야기가 담겨 있었던 것이다. 플랫폼이 높은 곳에 있어서
계단이 참 많았던 전철역, 1년 365일 공사 중인 시부야, 고층빌딩으로 즐비
한 신주쿠 등……. 역 하나하나에도 지형에 따른 구조와 설계가 이루어져 있
었던 것이다.

이 책의 저자는 새로운 곳에 가면 그곳 지형의 특이점을 분석해보라고 말
한다. 서울에도 야마노테선과 거의 비슷한 지하철이 있는데, 바로 2호선이
다. 예를 들어 설명하면, 신도림역에서는 지하로 내려가야 하지만 대림역이
나 당산역, 강변역 등은 플랫폼이 2층에 위치한다. 하천부지와 큰 강 혹은
지반이나 지형의 구조가 영향을 끼쳤을 것이다. 그곳들의 지형을 분석해본
다면 도쿄 여행에서 야마노테선을 탈 때나 서울에서 2호선을 탈 때 지금과
는 사뭇 다른 기분이지 않을까 싶다.

이 책은 1억 년 단위에서부터 단 하루 단위까지 변화하는 지구 속에서 벌
어지는 많은 과정과 현상을 담고 있다. 지구는 많은 변화를 거쳐 지금에 이
르렀고 앞으로도 많은 변화를 겪을 것이다. 또 그 환경 변화에 따라 동식물,
그리고 인간들은 그에 맞는 삶을 살아가기 위해 변화할 것이다.

50억 년의 유구한 역사를 간직해온 신비로운 지구에서 환경 변화에 적응
하며 많은 발전을 이루어온 선조들의 삶에 다시 한 번 경의를 표한다.

■ 인용 및 참고 문헌

- 이오자와 토모야, 《조감도감=일본알프스》(1979), 고단샤

- 이세키 히로타로, 《전철 창문으로 보는 풍경과학—나고야철도 나고야 본선 편》, 나고야철도주식회사

- 이토 마사아키, 〈나미브사막에 자연 식생하는 나라의 대량 고사가 토프나르 사람들에게 끼친 영향〉(2005), 미즈노 카즈하루 편《아프리카 자연학》, 고킹쇼 잉, 226p.~235p.

- 이치카와 미쓰오, 〈후기 석기시대의 환경 변천〉(1997), 미야모토 마사오키 · 마쓰다 모토지, 《신아프리카 역사》, 고단샤 현대신서, 48p.~62p.

- 이와타 슈지, 《빙하지형학》(2011), 도쿄대학출판회

- 오오이 지사부로, 《일본식물지 현화편》개정판(1965), 지분도

- 오오타니 유야, 〈숨 쉬는 산악신앙—신이 살고 있는 케냐산〉(2016), 미즈노 카 즈하루 편, 《안데스 자연학》, 고킹쇼잉, 210p.~214p.

- 오키쓰 스스무, 〈식생으로 보는 아프리카〉(2005), 미즈노 카즈하루, 《아프리카 자연학》, 고킹쇼잉, 25p.~34p.

- 오제키 마사아키 · 하마다 다카시 · 이이지마 요시히로 · 미즈노 카즈하루 · 미야하라 이쿠코, 〈기소고마가타케 고산 풍충지의 오픈 탑 챔버Open Top Chamber

내의 식생 변화〉(2011a), 일본생태학회 제58대회(삿포로)

- 오제키 마사아키 · 하마다 다카시 · 이이지마 요시히로, 〈중앙 알프스 센조지키 눈잣나무 가지의 연별 신장량〉(2011b),《나가노현 환경보전 연구소 연구 보고》7호, 39p.~42p.

- 오노 유고, 〈북쪽의 육로〉(1990),《제4기 연구》29호, 183p.~192p.

- 오노 유고, 〈눈과 육로〉(1991), 오노 유고 · 이가라시 야에코,《홋카이도 자연의 역사》, 홋카이도대학 도서간행회, 157p.~180p.

- 오노 유고 〈지중해 연안에서부터 아프리카 대륙을 거쳐 기니만까지의 단면 모식도〉(2014),《지리A》, 도쿄쇼세키, 45p.

- 가이즈카 소헤이,《도쿄의 자연사》(1964), 기노쿠니야쇼텐

- 가이즈카 소헤이,《일본의 지형》(1977), 이와나미신서

- 가이즈카 소헤이,《후지산은 왜 그곳에 존재하는가》(1990), 마루젠

- 활단층연구회 편찬,《신편 일본의 활단층》(1991), 도쿄대학출판회

- 가도무라 히로시, 〈중남아프리카의 자연〉(1985),《세계의 지리》, 아사히신문사, 2p.~3p., 30p.~31p., 58p.~59p., 86p.~87p., 114p.~115p.

- 가도무라 히로시, 〈열대 아프리카의 환경 변동과 사막화〉, 〈과거 2만 년 동안의 환경 변동〉, 〈사하라 남쪽 지대의 역사시대 당시 가뭄과 사막화〉, 〈사하라 남쪽 지대, 최근의 가뭄과 사막화〉(1991), 가도무라 히로시 · 다케우치 가즈히코 · 오오모리 히로오 · 타무라 토시카즈 편찬,《환경 변동과 지구 사막화》, 아사구라쇼텐, 53p.~105p.

- 가도무라 히로시, 〈사헬―변동하는 이행대〉(1992), 가도무라 히로시 · 가쓰마타 마코토 편찬,《사하라 주변》, TOTO출판, 46p.~78p.

- 가도무라 히로시, 〈아프리카 열대우림의 환경 변천〉(1993),《창조의 세계》 88호, 66p.~90p.

- 가도무라 히로시, 〈자연에 따른 변동〉(1999), 가와다 준조,《아프리카 입문》, 신쇼칸, 15p.~34p.

- 가도무라 히로시, 〈환경 변동으로 본 아프리카〉(2005), 미즈노 카즈하루,《아프리카 자연학》, 고킹쇼잉, 47p.~65p.

- 기무라 게이지, 〈기후로 보는 아프리카〉(2005), 미즈노 카즈하루,《아프리카 자연학》, 고킹쇼잉, 15p.~24p.

- 고아제 다카시,《산을 읽다》(1991), 이와나미쇼텐

- 고이즈미 다케에이 · 시미즈 초세이《산의 자연학 입문》(1992), 고킹쇼잉

- 고이즈미 다케에이 〈일본 고산대의 자연지리적 특성〉(1984), 후쿠다 마사미 · 고아제 다카시 · 노노우에 · 노가미 미치오 편찬,《한랭지역의 자연환경》, 홋카이도대학 도서간행회, 161p.~181p.

- 이브 코펜스, 〈이스트 사이드 스토리—인류의 고향을 찾아서〉(1994),《닛케이 사이언스》, 24(7)호, 92p.~100p.

- 곤다 마사유키 · 사토 유지 · 호리 아키코《지도와 지명에 의한 지리 공략》, 가와이출판

- 자이키 마스미 · 쓰카다 유지 · 후쿠요시 사토시 · GENET(GeoEcology Network), 〈온난화 실험에서 일어난 고산식물의 분포 변화—중앙알프스 기소고마가타케 기준〉(2003),《GIS—이론과 응용》11호, 23p.~31p.

- 시노다 마사토,《사막과 기후》, 세이잔도

- 시바타 아쓰키, 〈국립공원에서 생활하는 산족 사람들〉(2016), 미즈노 카즈하루 · 나가하라 요코 편찬,《나미비아를 알기 위한 53장》, 아카이시쇼텐, 306p.~308p.

- 스기타니 다카시 · 히라이 유키히로 · 마쓰모토 준,《풍경 속의 자연지리》(1993), 고킹쇼잉

- 스와 가네노리, 〈아프리카 대지구대〉(1985),《세계의 지리》, 아사히신문사, 106p., 146p.~149p.
- 스와 가네노리,《갈라진 대지. 아프리카 대지구대의 비밀》(1997), 고단샤 선서 메티에
- 스와 가네노리,《아프리카 대륙을 통해 지구를 알 수 있다》(2003), 이와나미주 니어 신서
- 데시로기 고키, 〈모파인 숲에서 가축과 생활하는 사람들―다마라 마을의 생활〉(2016), 미즈노 카즈하루 · 나가하라 요코 편찬,《나미비아를 알기 위한 53장》, 아카이시쇼텐, 292p.~296p.
- 도비야마 쇼코 · 이토 마사키 · 미즈노 카즈하루, 〈사막에서 생활하는 사람들―나라멜론의 이용과 변모〉, 미즈노 카즈하루 · 나가하라 요코 편찬,《나미비아를 알기 위한 53장》, 아카이시쇼텐, 297p.~301p.
- 나카무라 토시오 · 나카이 노부유키 · 기무라 마사야 · 오오이시 쇼지 · 핫도리 요시아키 · 기카타 요지, 〈수림연륜(1945~1983) 14C의 농도 변화〉(1987),《지구과학》21호, 7p.~12p.
- 나루세 요, 〈서남일본에 발생한 구조분지〉(1985), 가이즈카 소헤이 · 나루세 요 · 오오타 요코,《일본의 평야와 해안》, 이와나미쇼텐, 165p.~184p.
- 니시나 준지,《알기 쉬운 기후학》, 고킹쇼잉
- 일본 제4기 학회,《일본 제4기의 지도와 해설》(1987), 도쿄대학출판회
- 하세가와 히로히코, 〈안데스 저위도지역의 빙하 변동과 옛 환경 변천〉(2016), 미즈노 카즈하루 편찬,《안데스 자연학》, 고킹쇼잉, 64p.~75p.
- 하야시 이치로쿠,《식생지리학》(1990), 다이메도
- 히로시마 미쓰오,《산을 즐기게 되는 지형과 지리학》(1991), 야마토케이코쿠샤
- 후쿠이 에이치로,《기후학》(1962), 고킹쇼잉

- 후지오카 유이치로, 〈곤충식〉(2016), 미즈노 카즈하루 · 나가하라 요코 편찬, 《나미비아를 알기 위한 53장》, 아카이시쇼텐, 269p.~271p.

- 마치다 히로시, 《화산재는 말해주고 있다》(1977), 소주쇼보

- 마치다 히로시 · 아라이 후사오, 〈광역에 분포하는 화산재〉(1980), 사카구치 유타카, 《일본의 자연》, 이와나미쇼텐

- 마치다 히로시 · 시라오 모토마로, 《사진으로 보는 화산의 자연사》(1998), 도쿄대학출판회

- 미즈노 카즈하루, 〈아카이시산맥 '화초 군락지'의 입지 조건〉(1984), 《지리학 평론》, 57A~6, 384p.~402p.

- 미즈노 카즈하루, 《수능 대책 지리B—수능시험 공략을 위한 논리성》(1996), 가와이 새틀라이트 네트워크

- 미즈노 카즈하루, 《고산식물과 '화초 군락지'의 과학》(1999), 고킹쇼잉

- 미즈노 카즈하루, 〈지구온난화로 인해 식물은 어떻게 산을 오르게 될까?〉(2001), 미즈노 카즈하루 편찬, 《식생환경학》, 고킹쇼잉, 58p.~70p.

- 미즈노 카즈하루, 〈홍수의 감소, 최근 쿠이세브강 유역 숲이 말라가는 이유〉(2005a), 미즈노 카즈하루 편찬, 《아프리카 자연학》, 고킹쇼잉, 115p.~129p.

- 미즈노 카즈하루, 〈온난화에 의한 케냐산의 킬리만자로산 빙하 융해, 식물 분포의 상승〉(2005b), 미즈노 카즈하루 편찬, 《아프리카 자연학》, 고킹쇼잉, 76p.~85p.

- 미즈노 카즈하루, 《외톨이의 해외조사》(2005c), 분게이사

- 미즈노 카즈하루, 〈자연 특성과 대지역 구분〉(2007), 이케야 가즈노부 · 사토 렌야 · 다케우치 신이치 편찬, 《아사구라 세계지리 강좌—대지와 인간의 이야기11 아프리카1》, 아사구라쇼텐, 3p.~15p.

- 미즈노 카즈하루, 〈중남부 아프리카의 자연 특성〉(2008), 이케야 가즈노부 ·

다케우치 신이치 · 사토 렌야 편찬,《아사구라 세계지리 강좌―대지와 인간의 이야기12 아프리카2》, 아사구라쇼텐, 439p.~451p.

- 미즈노 카즈하루,《자연의 구조를 알 수 있는 지리학 입문》(2015), 벨출판

- 미즈노 카즈하루, 〈계절하천과 홍수와 삼림―삼림의 동태에 영향을 끼치는 홍수〉(2016), 미즈노 카즈하루 · 나가하라 요코 편찬,《나미비아를 알기 위한 53장》, 아카이시쇼텐, 62p.~67p.

- 미즈노 카즈하루 · 나카무라 토시오, 〈케냐산, 틴달 빙하의 환경 변천과 식생의 천이―틴달 빙하에서 1997년 발견된 표범 사체의 의미〉(1999),《지리학잡지》, 108-1, 18p.~30p.

- 미즈노 카즈하루 · 야마가타 고타로, 〈나미브사막, 쿠이세브강 유역의 환경 변화와 식생 천이, 식물의 이용〉(2003),《아시아, 아프리카의 지역 연구》3호, 35p.~50p.

- 미즈노 카즈하루 · 야마가타 고타로, 〈나미브사막, 쿠이세브강 유역의 환경 변천과 사구에 덮여가는 삼림〉(2005), 미즈노 카즈하루 편찬,《아프리카자연학》, 고킹쇼잉

- 미즈노 카즈하루 · 후지타 토모히로, 〈안데스의 식생 천이와 퇴적물, 그리고 식물의 생육 상한고도의 20년간 변화〉(2016), 미즈노 카즈하루 편찬,《안데스자연학》, 고킹쇼잉, 111p.~120p.

- 야스다 요시노리, 〈영국과 일본의 소빙하〉(1995), 요시노 마사토시 · 야스다 요시노리,《강좌―문명과 환경 제6권 역사와 기후》, 아사구라쇼텐, 232p.~245p.

- 야마자와 주이치,《고릴라 잡학 노트》(1998), 다이아몬드사

- 야마가타 고타로, 〈지형으로 보는 아프리카〉(2005a), 미즈노 카즈하루 편찬,《아프리카 자연학》, 고킹쇼잉, 2p.~14p.

- 야마가타 고타로, 〈칼라하리사막 사구의 역사 풀어보기〉(2005b), 미즈노 카즈하루 편찬,《아프리카 자연학》, 고킹쇼잉, 96p.~105p.

- 야마가타 고타로, 〈칼라하리사막과 옛 사구〉(2016a), 미즈노 카즈하루·나가하라 요코 편찬,《나미비아를 알기 위한 53장》, 아카이시쇼텐, 46p.~48p.

- 야마가타 고타로, 〈안데스 빙하 후퇴 지역의 토양 발달 과정〉(2016b), 미즈노 카즈하루 편찬,《안데스 자연학》, 고킹쇼잉

- 야마시나 치사토, 〈사바나 흰개미 무덤—'흙탑'과 '작은 숲'〉(2016), 미즈노 카즈하루·나가하라 요코 편찬,《나미비아를 알기 위한 53장》, 아카이시쇼텐, 97p.~102p.

- 요시다 미후유·미즈노 카즈하루, 〈사막 코끼리 덕에 사는 사람들—코끼리와 강가의 숲, 그리고 주민들의 공존〉(2016), 미즈노 카즈하루·나가하라 요코 편찬,《나미비아를 알기 위한 53장》, 아카이시쇼텐, 309p.~313p.

기후변화로 보는 지구의 역사

초판 1쇄 발행 2020년 9월 28일
초판 2쇄 발행 2020년 10월 12일

지은이 미즈노 카즈하루
옮긴이 백지은

펴낸이 임지현
펴낸곳 (주)문학사상
주 소 경기도 파주시 회동길 363-8, 201호(10881)
등 록 1973년 3월 21일 제1-137호

전 화 031)946-8503
팩 스 031)955-9912
홈페이지 www.munsa.co.kr
이 메일 munsa@munsa.co.kr

ISBN 978-89-7012-587-9 (03450)

이 도서의 국립중앙도서관 출판예정도서목록(CIP)은 서지정보유통지원시스템 홈페이지(http://seoji.nl.go.kr)와 국가자료공동목록목록시스템(http://www.nl.go.kr/kolisnet)에서 이용하실 수 있습니다. (CIP제어번호 : CIP2020031205)

- 잘못된 책은 구입처에서 교환해드립니다.
- 가격은 뒤표지에 있습니다.